伝わる工学系のためのライティング入門
WRITING
実験
レポートから
英語論文
まで
伊津野和行
荒木 努
四井早紀

森北出版

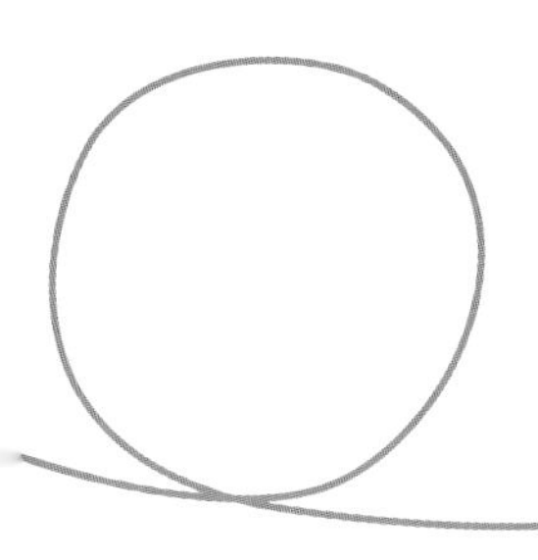

まえがき

オンライン授業が増え、レポートや論文をパソコンで書いて、ファイルを送信して提出することが一般的になってきました。この本は、工学を学んでいる大学生や大学院生をおもな対象としています。学生の皆さんが提出された文章を読むと、書き方を具体的に学ぶ機会のないままレポートや論文の作成に取り組んでいるように感じます。皆さんも、提出してから書き方が悪いと怒られたり、自分ではうまく書けたと思っていたのに点数が悪かったり、がっかりした経験があるかもしれません。国語や作文が苦手だから工学系の学部を選んだのに、こんなに文章を書くことになるとは思ってもみなかった、という人もいるでしょう。

工学は、人の役に立つ技術や手法を開発するための学問です。そのため、皆さんが学んだり研究したりした成果は、多くの人に内容を正しく知ってもらう必要があり、適切な文章を書くことはとても大切なのです。うまい言い回しや美辞麗句は必要ありませんが、何よりも誤解のないように書かなければなりません。この本では、そのような文章をパソコンやタブレットなどのデジタルデバイスで書く、デジタルライティングのポイントをまとめました。

これまでも理工系向けの文書作成ガイド本はたくさんありましたが、原稿用紙などに手で書く場合の教則本がほとんどでした。しかし、デジタルデバイスを使って書く場合には、デジタル特有の注意点があります。この本では、工学分野で書く機会の多いレポートや論文を作成するための基本を、わかりやすい言葉で説明しました。

読んだあとは、実践を継続していきましょう。授業で出される課題やゼミ資料の作成に、ぜひこの本で学んだ知識を活かして取り組んでください。

2021 年 7 月

著者

目次

1 工学系で必要とされる文章作成技術

2 レポートや論文の執筆テクニック

3 デジタルライティング

実践講座：文章作成

演習問題の解答例や注意点

1 工学系で必要とされる文章作成技術

工学系の文書は、子供の頃から書いてきた作文とどう違うのでしょう？　一番大きな違いは、感想がさほど重視されないということです。天気のことを書く場合、今日は天気がよくて気分がよいとか、花もきっと喜んでいるだろうとかの感想は、工学系の文書では排除されます。気圧が何 hPa で気温が何度という、誰もが認める事実を書き、それにともなって発生した事象を科学的かつ論理的に考察します。

事実と論理的な考察を書くだけですから簡単に思うかもしれませんが、子供の頃からの作文に慣れているための誤解も結構あります。誰もが納得できる内容を書くのは難しいのです。でも、これから説明するコツさえつかめば、誰でも簡単に工学系の文書を書けるようになります。なぜなら、感性が必要になる上手な文章表現は不要だからです。工学系の文化に早く慣れて、技術者として的確な文書を書けるよう、少しずつ練習していきましょう。

1.1 読者を想定した文章

文章には必ず読者がいます。読者が理解できない文章だと、文章にする意味がなくなってしまいます。自分がした仕事や研究の内容を、読む人に理解してもらえるように書くこと、それはこれからの時代、さらに重要な活動になっていきます。読者に内容が正しく伝わってこそ、あなたの仕事は役に立つのです。

誰に向けての文章か

あなたが書こうとしているのは、どんな文章でしょうか？

- レポート（授業で提出するレポート、仕事で書く報告書）
- 学術論文（学会に投稿する論文、卒業論文、修士論文、博士論文）

・実験ノート
・プレゼンテーション資料（箇条書きでまとめる文書）
・マニュアル

文章の種類によって書き方がまったく違ってきます。その分野の専門家が読む学術論文なら、簡単な前提は省いて本題に入ったり、難しい専門用語を説明なしで使ったりしてもよいでしょう。しかし、専門外の人が読む可能性がある文章では、基本的な用語でも詳しい説明が必要になります。誰が読む文章なのかをまず考えることが、どんな文章を書くときでも必要です。

研究の進捗メモのように、自分だけがわかればよいという文章も注意が必要です。未来の自分は他人と同じようなものです。書いたときにはあたりまえだと思っていたことでも、あとで読むとすっかり忘れていることが往々にしてあります。とくに、何か新しい考えをひらめいた瞬間が重要です。ひらめきはときに大きな発見につながるのですが、どのように考えてその結論に至ったのか、考えていたときにはあたりまえだと思っていても、あとから思い出せないことが多々あります。あたりまえだと思ったこともしっかり記録しておくことが、のちほどの考察に役立ち、未来の自分を助けることになります。

また、新しい実験結果は、他人が再現できなければ正しいとは認められません。自分のための記録として書いた実験メモでも、数年後にほかの専門家が検証実験を行うために使われることがあります。自分の成果を他人に認めてもらうためにも、常に他人が読んでわかるような文章を書く習慣をつけておきましょう。

未来の自分にもわかるようなメモをとろう！

POINT あなたの文章を読むのは誰ですか？

レポート → 担当教員。
学術論文 → その分野の研究者。
実験ノート → 自分。将来は、検証のためにほかの専門家が読む場合もある。
マニュアル → その事柄に詳しくない人。

伝えることの大切さ

自分のした仕事や研究を文章で人に伝える場合、工学では内容が正しく読者に伝わってはじめて意味をもちます。古文書の解読や謎解きのような苦労を、読者に強いる文章ではいけません。「せっかく一生懸命長い文章を書いたのに、全然わかってもらえなかった。残念！」と嘆くだけでは、同じことの繰り返しになります。読者に正しく伝わるよう、工夫をしなければなりません。

工学が発展するにつれ、それぞれの技術分野はより細分化されてきました。いまや「電気工学」や「機械工学」について全部を細かく知っている人は、たぶん誰もいないでしょう。すべての読者があなたの仕事を詳細に理解できるとはかぎりません。また、新しい技術は既存分野の境界領域で発展することが多く、そうなると、これまでとは異なる分野の人があなたの文章を読むことが増えてきます。説明しなくてもわかるはず、という思い込みが通用しないことも多いのです。

自分が書いた文章が理解できないのは、読む人の能力が低いからだという考えは間違いです。アインシュタインは、6才の子どもに説明できなければ、自分が内容を理解しているとはいえないという言葉を残しています。優れた人ほど、平易な言葉で自分の考えを述べることができるものです。なかなか難しいことですが、努力すればだんだん文章はうまくなっていきますから頑張りましょう。

POINT 子どもにもわかるような説明ができますか？

1.2 誤解を生まないわかりやすさ

工学系の分野では、なぜ誤解を生まない文章が重要とされるのでしょう？それは、技術文書の内容に間違いがあると、人の命にかかわることがあるからです。あいまいな表現をしてしまうのは、その人の癖のようなところがあります。批判されるのが怖くてあいまいにしてしまう場合もあるでしょう。批判をおそれず、明確に言いきる文章を書く練習をしてみましょう。

あいまいさの排除

工学系の文章が文芸作品と大きく違うのは、あいまいさが許されないことです。文芸作品では、あえてあいまいな表現をすることで謎が深まり、面白さが増すことがあります。表現のあいまいさが読者の想像を大きく膨らませることもあります。しかし、工学系の文章は極端な話、読者が筆者の意図とは異なる解釈をしたら人の命にかかわります。「部屋が暑くなったら気をつけて」と小説の主人公が言ったとしたら、それは場面によって摂氏何度でもよいでしょう。でも工学実験の指示なら、摂氏 30 度とかきっちり書かなければ事故につながりかねません。人によって、あるいは季節によって、暑く感じる温度も違ってきます。誰が読んでも一通りの解釈しかできない文章、それが工学で求められる文章です。

あいまいさを排除するためには、修飾語が何を修飾しているのか、誤解を生まないよう注意することが大切になってきます。たとえば、「フレキシブルなディスプレイとキーボードを開発した」と書いた場合、ディスプレイもキーボードもフレキシブルなのか、フレキシブルなのはディスプレイだけなのかあいまいです。フレキシブルなのがディスプレイだけであれば、「キーボードとフレキシブルなディスプレイとを開発した」と語順を変えると明確になります。両方ともフレキシブルなのであれば、「ディスプレイもキーボードもフレキシブルな製品を開発した」とすれば明確です。

自分には明らかなことであっても、読者は実際の物を見ていないので正しく伝わらない場合もあります。「赤いライトと緑のライトが 2 秒間隔で点滅する」

という文章は、実際にライトが点滅する様子を見たことのある人間には、誤解が生じるとは思えないかもしれません。しかし、見たことがない人間だと、赤いライトと緑のライトが同時に２秒間隔で点滅するのか、交互に２秒間隔で点滅するのか迷う可能性があります。少し文章が長くなっても「赤いライトと緑のライトが２秒間隔で交互に点灯・消灯を繰り返す」のように書けば、あいまいさを減らすことができます。

あいまいさを排除するためには、修飾語を修飾される語句となるべく離さないようにするのも基本です。たとえば、「黒い箱の中のスイッチを押すこと」という指示の場合、黒いのは箱なのかスイッチなのか誤解があってはいけません。普通に読むと箱が黒くて、スイッチが何色かはわかりません。もし箱ではなくてスイッチが黒いのなら、「箱の中の黒いスイッチ」とすべきです。このように、語順を変えるだけでわかりやすくなる場合は多々あります。読点「、」も上手に使いましょう。

また、明確に言いきらないのは、個人の癖もあります。いろいろ周囲に配慮して断言しないというのは、日常の中ではあり得る判断ですが、工学系の文章ではあってはなりません。ＡならＡ、ＢならＢと、はっきり言いきるようにしましょう。

部屋が暑くなったら……って
摂氏何度？

POINT 誰が読んでも一つの意味にとれる文章に。

【例】供試体の強度は温度の低下にともなって低下することを確認した。

↓語順を入れ替え、関連する語句を近くにもっていきましょう

【添削後】温度の低下にともなって、供試体の強度が低下することを確認した。

一読で理解させる

筆者にとってはあたりまえでも、読者にとっては予想外だということもあります。口頭で伝える場合には、相手の反応を見てあとから追加の説明をすることができますが、文章ではそれができません。また、表現が難解で、何度も読み返さなければ理解できないような文章も好ましくありません。読者が一度読んだだけで、間違いなく一通りの解釈ができるというのが理想的です。

とくに、「それ」とか「あれ」とかの指示語には気をつけましょう。筆者が「それ」というときには具体的なイメージがあるはずです。しかし、読者には「それ」が何を指示しているのか、完璧には理解されないことが多いのです。入試に出てくる文章題のように、「それ」が何を意味するのか読者が何度も読んで読みとらねばならないような文章は、工学系の文章には適していません。なるべく指示語は使わないようにし、使う場合には明確に一つのことを指し示していることが読者に伝わるよう工夫しましょう。

読点の使い方にも注意が必要です。たとえば、「AとBまたはCを用いる」という表現だと、読点の使い方で違う意味にとれます。「Aと、BまたはCを用いる」でしたら、AとBの組み合わせか、AとCの組み合わせになります。「AとB、またはCを用いる」でしたら、AとBの組み合わせを用いるか、Cを単独で用いるかということになります。

一読で理解できる文章になっているかどうかは、未来の自分に判定してもらうのが好手です。3日おいて自分の文章を読んでみて、スラスラと読むことができるかどうか、試してみましょう。

POINT 読点一つで別の意味になることもある。

【例】板 A が回転しながら動く棒 B と衝突する。

→ 疑問点：回転しているのはどっち？

【添削後】板 A が回転しながら、動く棒 B と衝突する。→ 板 A が回転
(あるいは)
板 A が、回転しながら動く棒 B と衝突する。→ 棒 B が回転

正しい表現をする

誤解を生まない文章にするために注意しなければならないことがもう一つあります。それは、正しい表現をするというあたりまえのことです。何も調べずに文章を書くと、間違えて覚えている言い回しや用語、あるいは誤字が混じっている場合があります。英文では、スペルチェッカーという文法やつづりの間違いを指摘してくれるソフトウェアが古くからありましたが、和文でも校正機能をもつ文書作成ソフトが増えてきました。誤字や脱字は簡単に見つけてくれますので活用しましょう。やっかいなのは、間違えて覚えている言い回しや用語です。ある程度はコンピュータが指摘してくれますが、なかなか見つけにくいものです。辞書やインターネットを活用し、少しでも疑問に思った単語については、用法を確認してみることをお勧めします。

POINT 正しい表現で、なおかつ読者に複数の解釈をさせない文章に。

【例】まず最初に、成長した個体が過半数を超えたことが効果として挙げられる。

→ 疑問点：まず最初？　過半数を超える？

【添削後】まず、成長した個体が半数を超えたことが効果として挙げられる。

1.3 定性的と定量的

物事の性質や状態を表す場合、言葉で表す定性的な表現と、数字で表す定量的な表現があります。工学系の分野では、できるだけ定量的な表現をすることが重要です。数字で表現できることは数字で評価することを心がけましょう。

主観と客観の区別を

誤解を生まない文章を書くためには、文章表現の技巧に気をつかうより、正確な記述を心がけるのが第一です。暑いとか軽いとか物事の性質を表す定性的な表現をなるべく避け、摂氏30度とか質量1 kgとか数字で表す定量的な表現を用いることが重要です。なぜなら、読む人の感覚によって暑いとか軽いとかの判断基準が違うからです。もちろん、人を対象とした研究では定性的な評価が重要になる場合もあります。その場合でも、いかに読者に誤解を生じさせないかということを一番に考える必要があります。

時間を表す「ただちに」「すぐに」や、程度を表す「十分な」「一般的な」など、これらの表現は受け取る人間の感性に個人差があります。必ず定量的に書くよう心がけましょう。

同じような意味で、抽象的ではなく具体的に、ということも大切です。抽象的な表現というものは、読者に想像させることに大きな意味があります。工学系の文章にとって読者の自由な想像は、百害あって一利なしです。読者がどのような想像をするか、筆者には制御することができないからです。そのため、読者が自由に想像することをなるべく排除するよう、具体的に書いていきましょう。

行動を表す「処理する」「管理する」も工学分野でよく使われる用語ですが、幅広い意味があります。どう処理するのか、そして何をどうすることが管理することになるのか具体的に述べないと、読者はまったく別のことを考えてしまう場合があります。

POINT 客観的な表現を心がける。

【例】この数値解析手法により、精度よく解を求めることができた。

→ どのくらい精度がよいのか不明

【添削後】この数値解析手法の解は、理論値に対する誤差が0.1 %だった。

比較の表現

定量的な表現をするときによく考えなければならないのは、何かを比較する場合です。たとえば、A の耐えられる力が 1.1 N、B は 1.0 N だったとします。A と B の絶対量としての差は 0.1 N ですが、A の B に対する相対的な差は、(1.1 − 1.0)/1.0 = 0.1 と 10%になります。このように、絶対比較をするのか相対比較をするのかによって、結果から得られる印象が変わってくる場合があります。絶対比較で 0.1 N という差は、あまり大きな差ではないと考えられるかもしれません。一方、相対比較で 10%の差(A のほうが B より 10%強い)と考えると、大きな差だと考えられるかもしれません。どちらがよいのかは扱う対象によって変わってきますが、2 種類の考え方があるということを念頭に置いて執筆しましょう。

また、0.1 という差が意味のあるものなのか、という根本的な疑問もあります。すごくばらつきが大きい現象で、結果が 10 以上になることもある場合、1.0 と 1.1 の差は無視できるほど小さいと考えてもよいでしょう。逆にほとんど結果がばらつかず、100 回ぐらいは 1.000 ± 0.001 の範囲に収まるのに、あるケースだけ 1.1 になったのであれば、その 0.1 という差は大きいと考えられます。このように、差に意味があるかどうかは、統計的に考えると評価することができます。統計的に意味がある差のことを、有意差といいます。平均とばらつき(分散)や分布状況から、その差が有意かどうかを判断することを、検定といいます。統計的に有意差があるのか、有意差があるとはいえないのかは簡単に判定できますから、物事を比較するときにはよく考えましょう。

POINT 有意な差なのか偶然の差なのかよく考える。

差と誤差は違う：誤差は、計測値や計算値と真値（あるいは真値と想定される値）や理論値との差であり、比較対象が真値や理論値でなければ誤差とはいわない。

境界値には要注意

数字を用いた表現は誤解を生まないために重要ですが、「以下」なのか「未満」なのか、境界値の取り扱いには注意を要します。25日（金）までにスイッチを入れておいてくださいと頼まれた場合、24日中にスイッチを入れる人もいれば、25日でも大丈夫だと思う人もいます。どうせ土曜と日曜は休みだから28日（月）の朝にスイッチが入っていれば大丈夫だと高を括って、日曜日の夜にスイッチを入れる人だっているのです。この場合、25日（金）17：00以前にスイッチを入れておくこと、と限度を明確にすれば間違いを防ぐことができます。

コンピュータのプログラムが間違いなく動作することを確認する際にも、そういった境界値に対して正しく動作するか確かめることが定石になっています。たとえば、正負で異なる動作をする場合、0のときにどうなるかをまず確かめます。文章の場合も、境界値での挙動や指示をしっかり伝えることが、間

異世界との境界にも注意!?

違いを防ぐうえで重要です。

POINT 数字で表現しても、境界では誤解や間違いが生じやすい。

昔、昼と夜との境界は逢魔時とよばれ、怪しいものに出会いやすい時間とされていた。何事も境界には要注意！

1.4 数字の取り扱い

コンピュータで計算した結果を文書に載せるとき、注意しないと不適切だと指摘されることがあります。あまりにも数字の桁が多すぎたり、単位が違っていたりすると、せっかくの計算結果が活かされません。工学系の文書では避けて通れない、数字の正しい取り扱いについて学びましょう。

有効数字とは

定量的な表現をするために数字を使って表現しても、精度が異なる場合があることに注意が必要です。たとえば、長さが 10 m という場合、どの程度の精度があるでしょうか？　9.5 m 以上 10.5 m 未満の値を整数に四捨五入したのかもしれませんし、9.995 m 以上 10.005 m 未満の値の小数第 3 位を四捨五入したのかもしれません。前者だと 1 m ぐらいの精度しかありませんし、後者だと 1 cm ぐらいの精度があります。こういったあいまいさを避けるために使われるのが、有効数字という概念です。これは、数字の何桁までが信頼できるのかを明確にする表現方法です。

たとえば、有効数字 4 桁とは、信頼できる数字が四つだということを意味し、その数字の 1 番大きな桁から 4 桁が信頼できることを表しています。たとえば、0.0010295 を有効数字 4 桁で表現する場合、大きいほうから見ていって 0 以外の数字（ここでは 1）が現れる小数第 3 位から四つの数字を有効だと考えます。その際、5 番目の数字（ここでは 10295 の 5）を四捨五入して有効数字を 4 桁にします。つまり、0.001030 です。最後の 0 が必要なことに注意しましょう。

1より大きな数字の場合も考え方は同じですが、表記方法に注意が必要です。たとえば、100.5を有効数字2桁で表す場合は1と0の2桁が有効なので100になりますが、これでは有効数字が2桁なのか3桁なのかわかりません。その場合、1.0×10^2と指数形式とよばれる表現を使って、信頼できるのが1と0の2桁であると明示することが推奨されます。小さな数字にも同じ方法が使えて、先ほどの0.001030は、1.030×10^{-3}と書かれる場合があります。

コンピュータが出す結果は桁数が多い場合が多く、学生の皆さんから受け取るレポートには小数点以下10桁以上もある数字が書かれていることがあります。しかし、その数字の何桁までが信頼できるのでしょうか？　また、何桁までが工学的に意味のある数字でしょうか？　たとえば、1995年阪神・淡路大震災のときに、神戸海洋気象台に設置された地震計は最大加速度817.82 cm/s^2を記録しました。しかし、構造物の損傷に及ぼす揺れの大きさについて議論する場合、有効数字3桁の818 cm/s^2を採用する場合がほとんどです。小数点以下の数字が違っても、構造物の損傷にはさほど影響がないからです。

また、半径1 cmの円の面積は、手計算するなら円周率を3.14として3.14 cm^2とするでしょう。でも、コンピュータに計算させたら、3.14159265…cm^2といくらでも細かい数字を表示してくれます。半径1 cmというのも、定規の値を目視で読みとればせいぜいmm単位の精度ですが、精密な計測器で読みとれば1/100 mm単位で読みとることも容易です。しかし、どこまで正確な面積を求めることが必要かは、よく考える必要があります。昔は細かい数字を得ることができないため必然的に数桁しか書かなかったのですが、今は細かい数字を得ることができても、意味のある桁数を考えて書くように気をつけなければなりません。いわばデジタル時代ならではの注意が必要なのです。

POINT 数字が細かければ細かいほど正しいとはかぎらない。

【例】必要な長さは2.9843019384 mmであった。

↓せいぜい0.1 mm単位の精度しかない場合

【添削後】必要な長さは3.0 mmであった。

内挿と外挿

実験や解析で得られる値は、たとえば1時間ごとの値とか、1 mm ごとの値とか、飛び飛びの値であることが多いと思います。昔はアナログで得られる連続的な値がほとんどでしたが、今はデジタルの離散的な値が得られます。そうなると、得られた値と値との間の数値を知りたい場合があります。その数値を求めることを補間または内挿といいます。

また、得られた値の範囲より外側の情報を知りたいこともあり、それを求めることを予測または外挿といいます。天気予報のように、過去のデータを元に将来の数値を予測することは、日常的に行われています。

どちらもそれぞれ合理的な作業なのですが、使い方を間違えないようにしなければなりません。得られたデータの範囲でしか意味がないのに、外挿して得られた値を使って考察をしている文章をときどき見かけます。たとえば、1 mm、4 mm、7 mm、10 mm に対する実験結果から、5 mm に対する値を内挿して推定するのは適切なことが多いと考えられます。しかし、15 mm に対する値を外挿して推定するのは不適切です。何らかの理由で 15 mm の実験ができない場合、少なくとも 15 mm より大きな値に対する実験を追加すべきです。外挿して結果を予測してよいのは、過去から将来を予測するなど、時間に関することだけだと考えておきましょう。

POINT なるべく外挿は避ける。

安全側の評価

工学における結果の評価は、安全側の評価を心がけるということが重要です。安全側の評価とは、その評価値を採用したほうが安全な結果につながる評価のことです。逆に、その評価値を採用したら危険なことになりかねない場合を危険側の評価といいます。

たとえば、実験精度から有効数字 1 桁で評価するのが妥当な実験で、0.95 という値が出たとします。小数第 2 位を四捨五入すると 1 です。では、答として

1を採用してよいかというと、必ずしもそうではありません。結果の値0.95より大きな値である1を採用すると、場合によっては危険なことがあります。物の強さを実験で評価し、それを元に物を作る場合には、実験結果より小さめの値で評価しないと壊れてしまいます。つまり、保証できる強度を1 kNにすると、実際にはそれより小さい0.95 kNで壊れてしまうので不適です。小数第2位を切り捨て、小さめの値0.9 kNを採用することが安全側の評価になります。逆に、満潮時の水位が0.95 mと推定されるのなら、高さ0.9 mの堤防では不十分ですから、大きめの値を採用して予想水位は1 mとしたほうが安全側の評価になります。

四捨五入するのがいつでも正しいと思い込んでいると、場合によっては危険側の評価をしかねません。四捨五入、切り捨て、切り上げ、どれがよいのか問題に応じて選択し、安全側の評価を心がけましょう。

想定より大きいと危険な現象（不純物の割合、有害物質の濃度など）：
大きめに見積もるのが安全側の評価
想定より小さいと危険な現象（強度、容量、耐久性など）：
小さめに見積もるのが安全側の評価

単位を忘れずに

単位がある数字には、必ず単位を付けて表示します。1 cmと1 mmでは、まったく意味が違ってきます。そして、その単位はSI単位（国際単位系）で表します。

昔の文献や海外の文献を読むと、重力単位系やヤード・ポンド法によるアメリカの慣用単位系が使われていたりしますが、皆さんが書く文章ではSI単位で統一しましょう。SI単位については、いろいろな情報が簡単に手に入りますので、ここでは詳しく説明しません。基本的には、国際的に定められた単位記号に、大きさを表す接頭辞とよばれる記号を付けて表現されるものです。たとえば、長さの単位記号 m に接頭辞 k を付ければ km となります。大文字と小文字は厳密に区別されますから間違わないようにしましょう。

一方、単位のない無次元数もあります。円周率や偏差値は代表的な無次元数です。

POINT 単位を間違えると結果の意味がまったく違ってしまう。

SI 単位記号の例

量	単位	記号
長さ	メートル	m
質量	キログラム	kg
時間	秒	s
力	ニュートン	N
応力	パスカル	Pa
仕事率	ワット	W
電荷	クーロン	C
電流	アンペア	A
電圧	ボルト	V
電気抵抗	オーム	Ω

接頭辞の例

接頭辞	記号	大きさ
テラ	T	10^{12}
ギガ	G	10^{9}
メガ	M	10^{6}
キロ	k	10^{3}
ヘクト	h	10^{2}
センチ	c	10^{-2}
ミリ	m	10^{-3}
マイクロ	μ	10^{-6}
ナノ	n	10^{-9}
ピコ	p	10^{-12}

1.5 書く際の心構え

工学系で学ぶ皆さんは、将来、技術者になる人が多いと思います。技術者が仕事の一環として文書を書く場合、必ず考えなければならないことがあります。一つが技術者の倫理、もう一つが締め切りです。二つとも、あたりまえといえばあたりまえの問題なのですが、ぜひ一度じっくりと考えてみてください。

技術者の倫理

学術論文の不正問題がニュースになることがあります。文部科学省では、事実と異なるデータを作る「捏造（ねつぞう）」、事実と異なるデータに加工する「改竄（かいざん）」、他人の成果を流用する「盗用・剽窃（ひょうせつ）」が、研究不正として定義されています。

今日のように情報網が発達した社会では、不正は必ず人の知るところとなります。そしてすぐに、不正をしたことが社会に広まります。人が社会生活を送るために重要なことの一つに人からの信頼がありますが、不正は一瞬でそれを失うことになります。

剽窃は前後の文章の不自然さから簡単にわかる場合がほとんどですし、剽窃防止ツールというソフトウェアを使えば簡単に見つかります。たとえ他人に知られなくても、不正をしたことを本人は知っています。その重荷に耐えられる人はいないのです。不正は何の得にもなりません。これは、たとえ授業のレポートであっても同じです。原則は「してはならないことはしない」という簡単なことです。

逆に、技術者しか知らないことで、それを主張すれば人の命を守れるのであれば、しっかりと主張することも技術者の責務です。このままでは事故が起こりかねないと、その機器を開発した技術者は知っていたとします。しかし、会社経営者からそのことは黙っているよう命じられた場合、技術者はどのように行動すべきでしょうか？　それぞれの専門分野に特有の専門職倫理があり、医者には医者の、弁護士には弁護士の倫理があります。日本技術士会では技術者の倫理として、「公衆の利益の優先」を最優先事項として挙げています。文章を書く場合も、人を傷つけたり人に不利益をもたらしたりするような文章は、絶対に書いてはなりません。これは、文章を書く技術というより、書くうえでの心構えというべきものです。

POINT 倫理感をもった技術者になろう。

締め切りはいつ？

すべての仕事には締め切りがあります。同じように、すべての原稿には締め切りがあります。契約や約束によって決められた期限は、必ず守らねばならないものです。守らなければ人からの信頼を失いますし、社会では仕事を失うことにもつながります。授業のレポートも、締め切りに遅れたら受け取ってもらえないことが多いでしょうし、授業の単位も失いかねません。まず、いつまでに書き上げればよいのかをしっかり確認しましょう。

工学系の文章では、これはとくに重要になります。技術者の仕事は、何日の何時までに仕上げることという締め切りが設定されることがほとんどです。逆にいえば、いくら完璧な仕事をしても、期限に遅れたら認めてもらえないということです。締め切りまでにできたものだけが評価されるのです。複数の人が一緒に仕事をしていて、さらに複数の仕事を並行してこなしている場合、その時間管理にはいろいろな要素が絡んできます。想定外の事態への緊急対応が多いのも技術者の仕事の特徴です。明後日までにAという原稿を完成させようと思っていても、Bという仕事ですぐに対応しなければならない事案が発生するということは日常茶飯事です。スケジュールに余裕をもって原稿を書いていれば、急に入ってきた仕事にも対応することができます。

また、締め切りぎりぎりに原稿を仕上げると、どうしても見直す時間がなくて、間違ったことを書いてしまう危険性が高くなります。使う薬品の量を1桁間違ったり、熱する時間を2倍にしてしまったり、工学系の分野で間違ったことを書いてしまうと、最悪の場合、人の命を危険にさらすことにつながります。心の余裕をもって原稿を仕上げ、十分に見直す時間をとることが技術者には求められるのです。

締め切りが迫ってこないと書く気になれないとか、直前に大事な仕事が入ってしまって書けなかったとかいう人もいますが、それは言い訳にすぎないこと

締め切り直前に徹夜！
なんてことがないようにしよう

がほとんどです。さし迫った状況になることで集中力が高まるというよい面もあるのでしょうが、それよりも心の余裕がなくなるという悪い面の影響のほうが大きいのです。締め切り間際では文章を推敲する時間がなく、中途半端な仕事になってしまいます。

締め切りを守るというのは習慣のようなものです。はじめは大変でも、だんだんと慣れてきます。最初から完璧な原稿を目指さないというのも有効です。あとから完璧なものに近づけていけばよいのです。また、実際の締め切りより1週間ぐらい前に、自分の中に締め切りを設けるという方法も有効です。そうすれば、直前に飛び込んできた別の用事にも対応することができます。十分な推敲も可能ですし、ほかの人に入念な校正をしてもらう時間も生まれます。早め早めの対応を心がけましょう。

POINT 人に迷惑をかけず、余裕をもって執筆をしよう。

COLUMN

理学と工学

同じ理系でも、理学と工学では目指すところが少し違います。極論すれば、真理を追究するのが理学で、人の幸せを追求するのが工学です。もちろん理学と工学の境界はあいまいで、どちらともいえないところが多くありますし、文系の人から見たらどちらも理系で違いはないのかもしれません。しかし、この本で「工学系の」という表現をよく使っているのは、理学系の分野では扱いが違うことが多いからです。たとえば、実験結果について述べるとき、何に役に立つのかを強調するとか、不具合が生じても危険にならないような値を採用するとかは、工学系に特有の表現だと思います。

また、工学においても専門分野の細分化はどんどん進んでいて、さらに他分野との融合も進んできています。自分が学んでいる分野の歴史的な変遷をたどると、学びの理解が深まると思います。

1 演習問題

1. あなたの昨日の行動を、あなたのことをまったく知らない高齢の人にもわかるように書いてみましょう。

2. コンピュータを起動し、文書作成ソフトで文章を作成するまでの手順を、コンピュータに詳しくない人にわかるよう記述してみましょう。

3. 果物を何か一つ選び、その特性をなるべく定量的に説明してみましょう。

4. 薬液 A が 10 mL では不足し、11 mL 以上では多すぎるとき、正確に使用するよう指示する文章を考えてみましょう。

5. 次の数字を有効数字 2 桁で表してみましょう。
  (1) 1003.23　　(2) 0.00435　　(3) 426

6. 次のうち、不正行為とみなされるのはどれですか？
  (1) 写真が不鮮明だったので、わかりやすいよう物の輪郭を強調した。
  (2) グラフの線の色を、見やすい色に変更した。
  (3) 明らかに実験結果の記録ミスだと考えられるデータを省いてグラフを作成した。

7. 締め切りを守らないことによる悪影響を三つ考えてみましょう。

2 レポートや論文の執筆テクニック

1章では、心構えも含めて工学系で用いられる文書の特徴について説明しました。2章では、文書を書くうえでのテクニック的なことを解説します。

誰もが誤解せずに内容を理解できる文書を書くには、いくつかの点に気をつける必要があります。それほど難しいことはありません。ただ、普段スマートフォンによる断片的な短い文のやりとりでコミュニケーションをとるのに慣れていると、そのときの癖で同じような文章を書いてしまいがちです。自分の考えや研究成果を正確に伝えるための執筆テクニックを学んでいきましょう。

2.1 文章の基本

工学系の文書だからといって、ほかの文書とまったく違う書き方をしてよいわけではありません。文書構造の基本を無視しては、内容がよくても読みにくくなってしまいます。短い文章を使って、一つの段落でひとまとまりの内容を書き、最初から最後までぶれない文章を作成するように心がけましょう。

基本的な注意点

工学系の文章は、ほとんどが横書きです。とくに数式や記号が含まれる文章では、横書きでなければ書きにくくなります。指定がなければ横書きにしましょう。

論文でもレポートでも、一般的な日本語の作文と同じく、基本的なルールには従う必要があります。まず、文体の統一です。日本語には「である調」と「ですます調」がありますが、工学系の文章では一般的に「である調」を使います。文末を「～です。」ではなく、「～である。」とするのが基本です。

箇条書き以外では、体言止めにすることも避けます。たとえば、「温度は 25

度。」とせず、「温度は25度だった。」とします。

句読点の表記も統一しましょう。「、。」を使うか「，.」を使うか、論文集に投稿する場合はそれぞれの論文集で決められているので規定に従います。レポートのときはどちらでもかまいませんが、どちらかに統一しましょう。

文章の全体を通して、表現、表記、用語も統一しなければなりません。たとえば、レポートや論文内で、「○○ソフトウェアを使用して」という文章を書くとします。ある箇所では「○○ソフトウェア」と書き、ほかの場所で「○○ソフト」と書くことがないようにしましょう。

また、話し言葉や敬語を使わない、といったことにも気をつけましょう。はやり言葉を使わないことも重要です。はやり言葉は1年も流行が続かないことがあり、翌年になったら意味が通じなくなる場合があります。ら抜き言葉と言われる「考えれる」「見れる」なども使わないほうがよいでしょう。とくに論文では、「考えられる」「見られる」という正式な使い方をしないと、論文全体の完成度が疑われることにもなりかねません。

POINT 最初から最後までぶれない文章を。話し言葉の使用には要注意。

【例】「なので」「だから」 → 【添削後】「よって」「そのため」
【例】「A先生が提唱された」 → 【添削後】「A氏が提唱した」

段落の使い方

次に、段落について考えてみましょう。いくつかの関連した文をまとめて、一つの段落とします。段落が整理されていないと話の筋が見えず、読者があなたの話についていけなくなります。一つ一つの文の最後がすべて改行されていて段落がないと、どこからどこまでが一つの話なのかわかりません。逆に、一つの段落が長すぎると、何の話だったのかわからなくなってしまいます。文章全体の見通しをよくし、読みやすくするために、段落を上手に使いましょう。

どのぐらいの量が適切かは、その内容次第ですが、10行以上続けば段落を変えるかどうか、考えてみたほうがよいでしょう。内容が変わったときに別の段落にするわけですが、10 行も 20 行も段落が続いているということは、一つの話が長くなりすぎている可能性があるからです。冗長になっていないか確認するうえでも、段落の長さには気を配ってください。

段落ごとに改行し、行頭を 1 文字下げて始めるというのは、普通の作文と同じです。箇条書きもうまく利用して、端的に表現しましょう。

POINT 一つの段落でひとまとまりの内容をまとめる。

とにかく短く

一つ一つの文の長さにも気をつけましょう。一つの文は短く、一つの内容だけを述べるようにしてください。長い文だと、文章を読み進めるうちに最初のほうを忘れてしまいがちです。内容が難しい文章ではとくに気をつけなければなりません。文章が長いと前後の関係性もわかりにくくなります。読者はあなたの文章を、意味がわかるまで何度も何度も読んでくれるとはかぎりません。目安としては 2 行ぐらいを考えておいてください。

また、読点「、」を適切に使って、読者が誤解なく理解できるような文にすることを心がけましょう。書いた文章を声に出して読んでみれば、どこに読点をつければよいのかわかります。声に出して読んだとき、一区切り付けたほうが読みやすいところに読点を付けます。

POINT 短い文章で言いきろう。

【例】A は B であるが C ではないのは D が原因だと考えられる。

→【添削後】A は B である。しかし A は C ではない。それは D が原因だと考えられる。

主語と述語

レポートや論文では、主語に「私は」「我々は」「私たちは」などを使用しないようにしましょう。ただし、英語の場合は、「We」を使うこともあります。レポートや論文の場合は、「このレポートでは」「今回の実験では」「本研究では」「本論文では」、あるいは「筆者は」「著者らは」などとなります。また、述語に関して、レポートや論文では、「思う」「感じる」「知りたい」など主観の入った表現は使用しません。詳しくは、2.3 節を参考にしてください。

さらに、主語と述語の対応にも気をつけましょう。語句と語句の関係を「係り受け」ということを、国語で習ったと思います。中でも主語と述語の係り受けは、基本中の基本です。主語と述語を対応させるなんてあたりまえのことだと思うかもしれませんが、結構、対応していない文章を書いてしまっているものです。とくに長い文章だと、対応がわかりにくくなりやすいので注意が必要です。

POINT 何が主語で、何が主語に対応した述語なのか、よく考えよう。

【例】本研究の目的は、燃焼効果の向上を検討した。

↓「目的は」と「検討した」が対応していない

【添削後】本研究の目的は、燃焼効果の向上について検討することである。

略語の使い方

レポートや論文の中で略語を使用する際は、その語句がはじめて出てきたときに説明する必要があります。SNS、PPP など略語を使って説明することが日常的になっていますが、これらを聞いてすべて意味がわかるでしょうか？アルファベット 3 文字の略語はたくさんあって、同じ略語でも元の言葉が違うこともあります。

固有名詞も、読者が全員知っているとはかぎりません。なるべく説明しましょう。

POINT 初出の用語は必ず説明しよう。

同じ PPP と略される語句にもいろいろある：

・官民連携事業（Public Private Partnership，PPP）
・ポイント・トゥ・ポイント・プロトコル（Point-to-Point Protocol，PPP）
・ポリプロピレンペーパー（polypropylene paper，PPP）

助詞を使いこなそう

読みやすい日本語の文章を書くためには、「てにをは」と総称される助詞を使いこなしましょう。「が」や「は」や「の」など、たった 1 文字なのですが、使い方を間違えるととても不自然な文章になります。言葉と言葉をつなげる役割をもつ助詞は、一つしか正解がないわけではありません。それぞれの場面でいくつかある候補から、なるべくふさわしい助詞を選ぶ必要があります。

工学系の文書でふさわしいかふさわしくないかの判断基準は、誤解されずに読んでもらえるかどうかです。わかりづらければ、声に出して読んでみましょう。「の」がいくつも続いた文章や、助詞が抜けている文章は、自分で書いたものでもきっと読みにくいはずです。

POINT 声に出して読めば、おかしな助詞が見つかる。

【例】電圧が上げる、電圧上げる
　→【添削後】電圧を上げる

【例】機械の損傷の検知の研究
　→【添削後】機械の損傷を検知するための研究

接続詞について

文章と文章とをつなぐ接続詞は、効果的に使うと構成がわかりやすくなりますが、使い方を間違えると逆効果です。せっかくの正しい考察も、間違った接続詞を使ってしまうと、論理が理解できなくなってしまいます。

また、接続詞の連続や使いすぎにも注意が必要です。同じ接続詞は続けないほうが文章の関係がわかりやすくなります。「A である。また、B ともいえる。また、C でもある。」という文章だと、話が発散してしまいます。「A である。しかし、B である。しかし、C である。」となれば、A と C はどんな関係なのかわからなくなります。

接続詞を使わなくても済むのであれば、使わないというのも一つの選択肢です。接続詞が必要か不必要か、使うとしたらどの接続詞が適切か、前の文章と後ろの文章との関係をよく考えましょう。

POINT その接続詞は本当に必要？

2.2 構成を考える

文章が集まると段落になり、段落が集まると「項」→「節」→「章」→「編」と大きなまとまりになっていきます。文書の長さによっては、章と節だけの場合もあります。どの章で何を書いて、どの節で何を書くか、それを文書構成といいます。文書の構成がおかしいと、いくら内容がすばらしくても読者がついていけなくなります。読者が論理を正しく追えるような、わかりやすい構成にしましょう。

IMRAD を覚えておこう

小説の場合、何を題材にするかとか、どんな始まりにするかとか、書く前に考えるべきことがたくさんあります。一方で工学系の文章の場合、実験レポートにせよ、研究論文にせよ、書く内容は決まっていますし、構成もだいたい決まっています。工学系の論文では世界的に、IMRAD 型（Introduction, Methods, Results And Discussion の略）が一般的だとされています。まず研究の背景や課題の設定について述べる Introduction（導入部）、次に研究や実験の手法について述べる Methods、そして結果や考察について述べる Results and Discussion の順番です。そして最後に、Conclusion（結論、まとめ）を述べます。単純な流れで、わかりやすい構成にしましょう。

そのうえで、自分が主張したい主題を効果的に説明できる構成を考えましょう。文学でよくいわれる「起承転結」という構成は、工学系文書の全体構成には向いていません。途中の「転」が不要です。伏線もいりません。

起承転結が必要なのは、Introduction の中だけです。導入部においては、逆に起承転結の「転」が重要になります。研究の背景について述べ（起)、それを受けて従来の研究を紹介し（承)、しかしこれまでの研究では何かが不足していたという指摘をし（転)、この研究の意義を述べる（結）という構成が効果的です。「転」の部分で、その研究の意義をしっかりアピールすることが重要になります。

POINT 文書構成は IMRAD 型だけ覚えておけば大丈夫。

導入部での起承転結

（起） 近年、○○が問題となっている。
（承） それに対して○○が研究され、数多くの成果が得られている。
（転） しかし、○○に対しての有効性はまだ解明されていない。
（結） そこで本研究では○○の実験を行い、○○を明らかにすることを目的とした。

読者がわかりやすい順番に

研究には試行錯誤がつきものなので、自分が実施したこと全部を時系列で述べた文章は、読者からするとわかりにくい場合があります。

たとえば、3 種類の実験を A、B、C の順番で行ったとしても、A、C、B の順で説明したほうが、読者にとってわかりやすいかもしれません。あるいは、準備段階で実施した A の結果は不要という場合もあるでしょう。読者が筆者と同じ結論に達するような内容を精選し、理解しやすい順序で記述します。その場合、都合の悪いデータを隠すなど、不正なことをしてはいけないのはいうまでもありません。

また、章や節のタイトルを具体的にすることで、読者にとって構成がわかりやすくなります。単に「考察」と書かれていた場合、それだけ見ても文書全体における位置づけがわかりにくいのです。たとえば、「強度に関する考察」「温度が物性に与える影響」など具体的にすることで、読者はその章に何が書かれていて、文書全体でどのような意味をもつ章なのかを理解することができます。

POINT 読者目線で理解しやすい構成に。

【例】実験Ａの結果、Ｂが原因でＣが得られたと推定される。一方、Ｃが得られるのは、Ｄが原因だということも考えられる。そこで実験Ｅを実施したところ、Ｃは得られなかった。よってＤが原因ではなくＢが原因だということが確認された。

↓試行錯誤した時系列の説明では、構成がわかりにくい

【添削後】実験Ａと実験Ｅの結果、ＤではなくＢが原因でＣが得られたものと推定される。

論理的な文章にしよう

学問には、ひらめきや感性が大事だといわれます。しかし、ひらめきや感性が大事なのは、学問や研究を進めているときの話で、文章にするときではありません。レポートや論文は、あくまでも論理的かつ冷静に書かなければなりません。感覚的な表現や、飛躍した展開を避け、読者が一つ一つ論理を追っていけるように書く必要があります。

論理的な文章とは、書かれている内容の因果関係を読者が追うことができる文章です。書かれている結論に明確な理由が示されていて、その理由に客観的かつ科学的な根拠があるかどうか、そこが大きなポイントになります。たとえ自分はわかっていても、書いてないことは読者に伝わりません。会話では、わからないことを聞き直して確認することができますが、文章では書かれていることがすべてです。論理が飛躍していると思われたら、文書の信頼性がなくなっ

てしまいます。AだからB、BだからCと、一つ一つ論理を組み立てていきましょう。

ビジネス文書では、結論を先に書いてあとから読者の疑問に答えるように書いていくと論理的な文章になる、といった文章構成のテクニック的なことが強調されることがあります。しかし工学系の研究論文では、最初に概要や要旨という項目で結論が示されていることが多いので、文章構成の工夫はあまり必要ありません。それよりも、論理が飛躍していないか、根拠があいまいではないかなど、いったん文章化したあとで、結論から逆にたどっていって検証する作業が重要になります。文章を書き終わったあとは達成感もあり、気分が高まった状態がしばらく続きます。ひとまず文章が完成したら、少し時間をおいて冷静な目で読み直しましょう。論理の飛躍がないか、主張に矛盾がないか、主観的な考察になっていないか、説明不足の点がないか、読者の立場で読み直すことが重要です。

書いていることに矛盾があってもいけません。長い文書を何日もかけて執筆している場合、気をつけないと最初のほうで述べたことと最後のほうで述べたことに、整合性が欠けていることがあります。はじめのほうを書いているときに考えていたことと、数日してあとのほうを書いているときに考えついたこととが、違っていたり矛盾していたりすると、文書全体の論理が崩れてしまいます。これも、あとから他人の気持ちになって読み直せば、あれっと気づくこと

足りない積み木、弱い積み木はありませんか？

がほとんどです。時間と気持ちの余裕をもって執筆し、十分に読み直す時間をとるようにしましょう。

POINT 読者が論理を正しく追える表現を心がける。

2.3 自分の考えを記述する

工学では、何が事実で何が著者の考えなのか、明確に区別する必要があります。また、それを読者が、簡単に区別できるように書かなければなりません。著者らの考えにすぎないことを、あたかも事実であるかのように書いてしまうと、不正行為とみなされることもあります。どのようなことに注意すべきか、基本から学んでいきましょう。

事実と考察と感想

工学系の文章ではあいまいさを排除すべきだという話をしました。そのためにしっかりと考えなければならないことの一つに、事実と考察と感想の区別があります。その文章が述べていることは客観的な事実なのか、筆者が考えた考察なのか、あるいは筆者が感じた感想なのか、明確に区別して記述する必要があります。

ある実験の結果、供試体 A より供試体 B の強度が大きかったとします。これは客観的な事実です。その理由として、供試体 B に含まれる成分が物質の結合を高めたことが科学的な根拠に基づいて推測された場合、それは筆者による考察です。もしかしたらほかの人は、別の要因によって供試体 B の強度が大きかったと考えるかもしれません。つまり、人によって別の考え方ができるということが考察の特徴です。さらに、供試体 B の強度が大きいのは驚異的だと思ったとすれば、それは筆者の感想になります。工学系の文章では、授業のレポートなどで指示された場合を除いて、感想を書く必要はない場合がほとんどです。したがって、事実は事実として客観的に、考察は考察だとわかるように区別して記述し、指示されないかぎり感想は書かないということを心がけましょう。

考察は、工学系の文章で一番重要な部分です。しっかりと考え、的確に言いきることを心がけましょう。「～かもしれない」「～と思う」というのは考察ではありません。「～だから～だと考えられる」と、科学的な根拠に基づいた考察を述べます。「思う」という表現は、感想以外で使用しないようにしましょう。言いきることができずにあいまいな考察を書く人もいますが、それは絶対に避けるべきです。単なる考察不足に過ぎません。

同様に、「～の可能性があることがわかった」という文章も不適切です。態度は謙虚ですが、無意味な文といわざるを得ません。その可能性があると思うから研究したのですし、どんなに珍しい事象でも発生する可能性はゼロではないでしょう。可能性がないことがわかったのなら重要な結果ですが、可能性があるというのは十分な考察とはいえません。

POINT 事実か考察か、明確に区別して記述しよう。

無意識の偏見

人間には誰しも、無意識の偏見（アンコンシャスバイアス）があるといわれています。無意識の偏見は、ダイバーシティとかグローバル化といった話の中で必ず出てくるキーワードです。対人関係で人を傷つけることがないようにするには、誰しも無意識にもっている偏見というものがあると気づくことが重要だとされています。これは文章を書くときにも注意すべきことです。

実験結果はこうあるべきとか、こうなるのは正しくないとか、無意識な思い込み（ステレオタイプバイアス）が文章に入ってしまうことは避けなければなりません。

たとえば、「やはり供試体Ａより供試体Ｂの強度が大きかった」という文には、「やはり」という筆者の先入観が含まれてしまっています。「供試体Ａより供試体Ｂの強度が大きくなってしまった」という文には、本来は大きくならないはずという筆者の先入観があります。「供試体Ａより供試体Ｂの強度が大きかった」と、強度が大きいという事実だけを述べるべきです。

POINT 先入観を捨てて素直な目で結果を評価しよう。

2.4 論文を書く際に注意すること

この節には、少し応用的なことが書かれています。学生の皆さんは、レポートや卒業論文など、個人で文書を執筆することが多いと思います。しかし研究が進んで論文集に投稿しようということになれば、工学系の分野ではチームとしての研究プロジェクトが多いので、複数人で一つの論文を書くことになります。そのときには、この節に書かれていることが役に立ちます。

まずはお手本にならってみよう

どんな稽古事も、まずは先生の模倣から始まります。工学系の文章を書く場合も、まずは学術雑誌に掲載されている論文を読み、その内容ではなく論文構成や用語の模倣から始めるのが一番です。それぞれの研究分野において、古典とよばれている論文があります。ぜひ、そういった論文から読んでみましょう。それから、自分が関心のある分野の論文を、なるべくたくさん読みましょう。学術雑誌に掲載されている論文は、次項で説明する査読という審査を経て掲載されているものですから、内容的にも信頼できますし、文章もある程度読みやすくなっているはずです。

そのとき、どんな大家が書いた論文であっても、書いてあることを完全に信じることなく、批評するような感じで読みましょう。完璧な論文というのは、なかなかありません。どこかに疑問点があるものです。あら探しをするのではなく、常に疑問をもって読むというのが重要です。そして読み終わったら、必ずメモを残すようにします。3.4 節で説明する参考文献の情報と、全体の要約、そして自分が思った疑問点などを書き残します。メモであっても、他人がわかるような文章にしましょう。あとからきっと役に立ちます。先行研究の論文をよく読んでメモにまとめることで、論理展開や文章表現の技術を向上させることができます。

また、英語で書かれた論文を渡されて読むことも多いと思います。最初からスラスラ読める人は少ないと思いますが、コツさえわかればあまり時間をかけずに読めるようになります。まず、文章を逐一訳さないことです。わからない単語が出てきても、そのまま読み進めましょう。何度もその単語が出てくるようなら、それは重要な単語ですから、その時点でしっかり意味を調べればよいのです。図や表を中心に読んでいけば、内容がだいたいわかります。あとは、わからない部分を詳しく読み直します。そして要点を自分なりにまとめてメモするということを繰り返せば、論文を書くのに必要な基礎体力が養われます。

POINT メモをしながら学術論文をたくさん読もう。英語論文も嫌がらずに。

読んだらメモを。

- 読んだ論文の情報（著者、タイトル、雑誌名、巻号、ページ、発行年など）
- 論文の要約を数行で
- 論文で解明されていない点など、読んで疑問に思った点

論文の審査項目

学術論文の場合、査読（ピアレビュー）というシステムがあります。研究分野の近い研究者（査読者、レフリー）がその原稿を読み（査読）、論文集に掲載してもよいかどうかを判定します。掲載してもよいと判定される場合も、そのまま掲載してよいとされることは少なく、修正意見が付いて適切に修正され

論文メモを一つのノートやデジタルファイルにまとめておくと便利です

れば掲載してよいとされることがほとんどです。このように審査を経て掲載されるので、無審査の学会発表よりも内容の信頼度は高いと考えられます。

査読者が指摘した疑問点や改善点に対し、著者は必ず対応しなければなりません。査読者の指摘が妥当だと思えば修正し、妥当ではないと思えば理由を述べて修正しないこともあります。査読者の意見が絶対的に正しいとはかぎらないので、複数の査読者が付きますし、著者の対応が妥当かどうか、これも研究分野の近い担当編集委員が判断します。査読者がどのような基準で判定するかといえば、分野によって違いますが、だいたい次の4項目になります。(1) 新規性・独創性、(2) 信頼度・再現性、(3) 完成度、(4) 有用性です。学術論文なのか、テクニカルノートなのか、総説なのかといった論文集ごとに定められた分類によっても評価項目は違いますが、ここではおもに学術論文について述べていきます。

(1) 新規性・独創性

学術論文には、新しい知見が含まれていなければなりません。さらに、研究者の独創性が問われます。昔から「銅鉄主義」という言葉があります。銅で試したので、次は鉄で同じ方法を試すということで、同じ方法、同じ考え方で同じような論文を量産することを戒める言葉です。研究そのものに新規性・独創性がなければならないのは当然なのですが、新しいことは何か、独創性はどこにあるのか、読者に伝わるよう著者は明確に文章化しなければなりません。

(2) 信頼度・再現性

論文が信頼できるかどうか、これは工学系にかぎらず、どの分野においても重要な視点です。信頼されるためには、その分野における先行研究についてしっかりと述べる必要があります。工学系の研究は、まったく何もないところから生まれるわけではありません。先人たちの多くの研究成果の上に積み上げられてくるものです。ニュートンをはじめ多くの科学者が「巨人の肩の上に立つ」という比喩を使っています。先人たちが積み重ねた成果があってこそ（＝巨人の肩の上に立ってこそ）新しい発見に結びつくということを、天才的な人たちほどよくわかっているのです。

実験や解析の結果が信頼できるかどうか、それは、他者が同じ結果を再現できるかどうかにもかかっています。実験において研究不正が疑われた場合には、その論文に書かれている手順で他者が実験を行い、結果が再現できるかどうか確認されます。結果を再現するための情報が不足しているようでは、信頼性がありません。

(3) 完成度

完成度は、論文として最低限のわかりやすさを求めるもので、推敲を十分にしてくださいという要求です。時間に追われて間違いの多い原稿を投稿すると、読者が正しく論理を追っていけないため、完成度が低いと評価されてしまいます。

図表も文章と同じく、読者にわかりやすくなければなりません。小さくて読みにくい図表や、色の違いがわかりにくいグラフを使ってはいけません。文章以外の部分にも気を配りましょう。

(4) 有用性

有用性、つまり結果が役に立つかどうかという観点は、工学分野特有かもしれません。工学分野の研究は、人や社会の役に立つということが重要視されます。すぐに役立つことを目指している研究ばかりではありませんが、将来的に

巨人の肩の上に立つと、道すじもよく見える

は何かの役に立つことを目指すという方向性をもっています。人や社会にどのような好影響を与えることができるのか、しっかりと文章で説明する必要があります。

POINT 自分の成果の長所を明文化する。

読者が知りたいことは何？
- この研究はどこが新しいのか。
- どこがほかの人の研究と違うのか。
- この方法のどこがほかより優れているのか。
- 得られた結果は本当なのか。

複数人による執筆

論文の場合、複数人で執筆することがあります。工学系の研究は何人ものチームで取り組むテーマが多く、研究成果を公表する際には、貢献した人が協力して論文を執筆することになります。工学では、研究の貢献度に応じて論文に記載する共著者の順番を決める分野が多いのですが、数学分野のように著者名のアルファベット順にする分野もあり、それぞれの基準に従うことが必要です。

貢献度に応じて共著者の順番を決める場合、筆頭著者（first author）を誰にするかが重要になります。研究者の研究業績を評価する際、筆頭著者かどうかで評価の度合いが違う場合もあります。共著者どうしでしっかり話し合い、共著者の順番を決めることが重要です。

文書を作成するときには、誰かが下書きを執筆してほかの人が加筆修正する場合や、分担を決めて各自が執筆する場合などがあります。重要なのは、共著者全員がきちんと全体を読んで意見交換をすることです。共著者は全員、その文書の内容に責任を負うことになります。複数人の目を通して読み直すことによって、より客観的な文章になるという利点もあります。

また、最後は一人が全体をまとめることも重要です。文章には書いた人の個性が表れますから、複数人が書いた文章のままでは統一感がなくて読みにくいのです。最終的には一人が全体を読んで、表現を統一することが望まれます。

POINT ポイント：共著者は必ず文書全体を読んで意見交換を。

著者の資格（authorship）と掲載順序

・**筆頭著者**（first author）：
研究に対して一番貢献度が高く、論文をおもに執筆した者。

・**最終著者**（last author, senior author）：
研究全体を管轄した者がなることが多い。

・**責任著者**（corresponding author）：
論文全体のとりまとめに責任をもち、投稿先との連絡を担当する。筆頭著者や最終著者がなることが多い。

・**そのほかの著者**：
研究の発想から考察・執筆までのいずれかのプロセスにかかわった者。

共著者が多い場合、参考文献リストでは最初の数名だけを挙げて「・他」とか「et. al.」としてほかは省略される場合がある。

2 演習問題

1. 次の文章を読みやすくしてみましょう。

(1) 機械の誤動作の原因の追及を行った。

(2) 火災が発生したことが停電が発生したことの原因である。

(3) 実験中の温度上昇が原因だと考えられるため、定温での実験を行うために、温度管理のための機器を用いることにした。

(4) アルカリ金属イオンがカルシウムと反応して生成された物質Aが膨張したが、対策Bが有効で膨張の進展が止まった。

2. 次の文章を、レポートにふさわしい文章に直してみましょう。不足している情報は、適宜補ってください。

(1) 実験材料のAとBを撹拌したら液の温度が高くなってきたから材料Cを入れたら教科書どおりの値になったから実験は成功しました。

(2) 実験の電圧が2.2 Vとなったが、理論値が2 Vだったので、実験精度が不十分だったが、おおむね等しかったのでよかったと思う。

(3) 本実験の目的は、半導体の高温時の特性の検討をした。

(4) 調査の結果、たくさんの有効回答が得られたけど、調査の日は雨で大変でした。調査対象は高齢者にお願いしました。

3. ある実験結果の考察として、次のような考察が書かれていました。レポートの考察として不適切な点を指摘してみましょう。

(1) 5ケースについて各10回の実験を行った結果、ケース3の効果がもっとも高かった。よって、ケース3を採用することが適していると考えられる。

(2) この図からわかることは、どちらかといえばAのほうがBより効果的だと評価される。

(3) 供試体Cに含まれる成分が、温度が高かったため有効にはたらかなかったのではないだろうかと思われる。

4. 次の文章を、事実のみを述べる文章に書き直してみましょう。
(1) 供試体Aの強度は、想定より低かった。
(2) 供試体Bは1 kNの力で壊れてしまった。
(3) 供試体Cは、1万回もの衝撃試験に耐えることができた。

COLUMN

お手本を検索した際の経験談！

皆さんはSNSなどを通じた文字のやりとりには抵抗が少ないと思いますが、論文で用いる文章を書くのは苦手という人もいると思います。苦手克服のためにも、2.4節で説明したように、まずはお手本にならってみましょう。

ここでは、お手本を検索した際の経験談をお話しします。そのような検索に便利なサイトはたくさんある一方、使いこなすためには注意点もあります。

一つ目に、入力するキーワードによって検索結果が異なるという点です。あるとき、自然災害による死者数の推移を調査したのですが、「自然災害　死者数」を入力した場合と「自然災害　人的被害」を入力した場合では、検索結果が異なりました。すなわち、複数のキーワードで検索する必要があったのです。

二つ目は、論文や資料の発表年に関する注意点です。自然災害の死者数の動向を調査した結果、何年か前までの動向を研究した論文は見つかったのですが、それ以降の推移は把握できませんでした。各研究分野における古典となる論文を読むのも大事ですが、最新の論文を読むことも重要です。また、近年の技術革新により、さまざまなテクノロジーを利用した研究がたくさんあります。いつ発行された論文なのかもちゃんと確認しましょう。

3 デジタルライティング

昔は工学系の分野でも、文章を書くといえば手書きで、図面も手描きで製図をしていました。いまや、ほとんどすべての場面において、コンピュータを使った文章や図面の作成、つまりデジタルライティングがあたりまえとなっています。

授業のレポートでは、あえて手書きで提出するよう求められる場合もありますが、大半はコンピュータでの執筆が求められるようになってきています。この章で説明するように、コンピュータを使った文書作成には数々の利点があります。

その一方で、コンピュータを使うと手書きでは考えられないようなミスをすることも多く、デジタルならではの注意が必要となっています。この章では、コンピュータを使って執筆する際の注意点についても解説していきます。

3.1 コンピュータを使った執筆

コンピュータは、計算することを目的とした機械として開発されましたが、その後いろいろな仕事に使われるようになりました。文書作成に関しても、ワープロ（Word Processor）ソフトだけではなく、表計算ソフトやエディタソフトなど、さまざまなソフトウェアを利用することができます。手書きではできない便利なことができる反面、気をつけないといけないこともたくさんあります。ここでは、デジタルライティングにおける基本について学びます。

デジタルライティングのメリットとデメリット

コンピュータを使った執筆のメリット、デメリットを挙げてみましょう。

(1) メリット

・きれいに仕上がる

いうまでもなく、自筆の字が汚くても関係ありません。文字の装飾もお手のものです。

・**漢字や英語の入力が容易**

覚えていない漢字や英単語も、変換操作だけで出てきます。難しくて書けないような漢字もスラスラ書けますし、単語の意味まで表示してくれます。

・**字の間違いが少ない**

文書作成ソフトによっては、入力ミス、日本語変換ミス、スペルミスなどを指摘してくれます。

・**修正が容易**

簡単に消したり、移動したり、コピーしたりすることができます。手書きでは一から書き直さなければならない場合も、簡単な操作で大幅な編集が可能です。

・**保存や検索が容易**

前に書いた内容をすぐに探せるのが便利です。自分が以前に書いた内容を再利用することができますし、過去の記録をすぐに取り出すこともできます。

・**送受信や情報共有が容易**

メールに添付したり、クラウドに保存したりして、複数人で文書を共有することができます。

(2) デメリット

・**データが消えることがある**

デジタルライティングにおける一番の不安材料です。これについてはのちほど詳しく説明します。

・**不揃いが目立つ**

きれいに仕上がるがゆえに、不揃いがあると非常に目立ちます。最後は印刷して確認したほうがよいでしょう。

・**とんでもない誤字が混ざるときがある**

手書きだと絶対間違わないような漢字に変換されて、気づかないこともあります。校正には細心の注意が必要です。

・**みんな同じようなものになる**

個性的な字で書かれることがありませんから、誰が書いたのか、ぱっと見ただけでは区別がつきません。内容で勝負ということでもあります。

・**情報が拡散されやすい**

情報を共有しやすいというメリットと裏返しの関係になりますが、間違った情報でも簡単に広まってしまいます。誤字や脱字や間違った言い回しなどが混じった文書が広まると恥ずかしいので、その意味でもしっかりと校正する必要があります。

POINT デジタルライティングの長所と短所を理解したうえで使う。

デジタルとアナログ（手書き）の使い分け

【アナログがよい】

実験ノートは手書きで。いつ、どんな手順で実験したか、あとから書き換えていないことを証明しなければならないことがある。そのため、消せないインクで手書きし、ほかの人に確認の署名をもらう必要がある。

【アナログもしくはデジタル】

しっかり記憶したい内容は手書きでメモをとる。手で書くということが大事なので、タブレットにペンでメモしてもよい。写真やキーボードではなく手で書くという操作によって、人間の脳はよく記憶することができる。

【デジタルがよい】

複数人で情報共有したり編集したりするときには電子ファイルが便利。

入力に使うソフトウェア

文章をコンピュータで書く場合、いろいろな文書作成ソフトやオフィスソフトを使うのが一般的だと思います。でも、文書作成ソフトにはいろいろな機能が備わっているため、それが逆におせっかいに感じられることもあります。たとえば、文章の１文字目にアルファベットがあれば、自動的に大文字にしてくれますが、必ずしもこちらの意図どおりではない場合があります。そんなときには、自動的な編集機能をオフにしてしまいましょう。

清書する場合や文書をきれいに飾りたい場合には文書作成ソフトが便利ですが、下書き段階ではエディタ（テキストエディタ）ソフトも便利です。文章を書くだけに特化したソフトウェアですので、原案をいろいろ考えるときには、利用を考えてみてはいかがでしょうか？

ただし、エディタでは数式を直接入力することができません。LaTeX など、エディタで入力した文字を、数式で表示あるいは印刷することができるソフトウェアを使う必要があります。

計算過程も記述しなければならない設計計算書などの文書では、表計算ソフトも使われます。表計算ソフトを使った文書作成については、3.7 節で詳しく説明します。

入力方法は慣れている方法でかまいません。キーボード入力、フリック入力、ペンタブレット、音声入力など、いろいろあるでしょう。これからも、さまざまな入力方法が開発されるものと思われます。自分が使っているソフトウェアが対応している入力方法で、なるべく早く入力できる方法に習熟するよう努力しましょう。キーボード入力なら、手元を見ずにキーを打つタッチタイピングができるようになっておかないと、思考の速さに入力が付いていかずイライラしてしまいます。タッチタイピングは、少しの練習で簡単にできるようになりますから頑張ってみましょう。

図を描くには専用のソフトウェアが必要となります。簡単な図であれば文書作成ソフトで描くことも可能ですが、学会の論文に掲載する図であれば正確性が要求されます。正確な寸法を設定できる CAD ソフトや、後述するドローソフトで描いたほうがよいと思います。また、グラフは表計算ソフトやグラフ作成専用ソフトが便利です。これらのソフトウェアで描いた図を文書作成ソフトで作った資料に挿入するなど、複数のソフトウェアを組み合わせて使えるようにしておきましょう。

POINT 無数にあるソフトウェアから、自分が使いやすいものを選ぼう。

よく使われるソフトウェアの一例

種類	名称	特徴
文書作成	Microsoft Word	一般的によく使われている
	Google ドキュメント	クラウドで保存される
	LaTeX	数式の記述に優れた組版処理システム
エディタ	サクラエディタ	Windows 用の高機能エディタ
	テキストエディット	Mac に標準で入っている
グラフ作成	Microsoft Excel	文書作成でも使われる表計算ソフト
	gnuplot	コマンド入力型で関数もプロット可能
図形描画	Adobe Illustrator	拡大しても図形がきれいなドローソフト
	Microsoft PowerPoint	プレゼン用ソフトだが簡単な描画も可能

1
2
3
4
演習問題の解答例や注意点

3.2 図表や写真を活用しよう

工学系の文書には図表が欠かせません。実験や解析の結果を文字だけで正しく伝えるのは至難の業です。そして、図表を作るとき気をつけなければならないのは、コンピュータ任せにしないということです。デフォルト（使用する人が何も設定せずに使った場合に設定される条件）でコンピュータが作ってくれる図表は、ビジュアル的にはきれいなのですが、科学的な内容の表現に適しているとはいえません。ここでは、あなたの研究結果を読者に正確に理解してもらうために必要な工夫について学びましょう。

図か表か

人に説明する際、文章だけでは内容が伝わりにくいことがあります。とくに工学系の文書では、結果が数字で表されていることが多く、それをいかに効果的に伝えるかが重要になります。数字を表で示すか、グラフにして図で示すか、それによっても読者の印象はかなり違ってきます。

細かい数字に意味がある場合、あるいはそれぞれ別の意味がある数字をひとまとめにして表示する場合には、表を使うのが一般的です。その際には、1.4

節で述べた有効数字に気をつけましょう。実験や解析における各ケースの諸条件を比較する場合にも、表を使って整理するとわかりやすくなります。

それ以外の場合には､図で示したほうが読者に内容が伝わりやすくなります。実験や解析で数値として結果が得られたら、それをどのようなグラフで表すのが一番効果的かを考えましょう。コンピュータはいろいろなグラフをきれいに表示してくれます。

POINT 図か表か迷ったら、第一候補は図、図で表現できなければ表。

いろいろなグラフ

ある一つの事柄が時間的に変化する場合には、折れ線グラフや散布図を用いて表すのが適しています。折れ線グラフと散布図はどう違うのでしょうか？コンピュータで描く折れ線グラフは、横軸の間隔を自由に変えることができない場合がほとんどです。それに対して散布図は、横軸の値と縦軸の値を自由に組み合わせることができるのが特徴です。横軸がデータの順番という意味しかなく、縦軸の値の変化を表現したい場合は折れ線グラフを、横軸と縦軸の値の

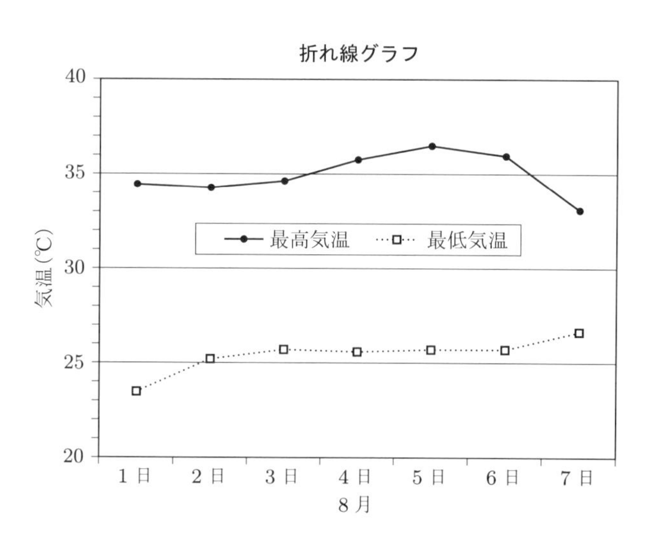

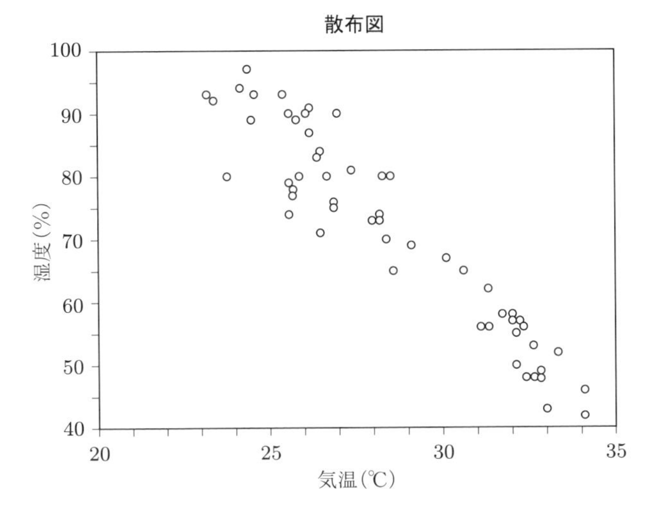

組み合わせに意味があって、その関係を示したい場合には散布図を使います。たとえば、毎日の気温の変化を表すのであれば折れ線グラフ、気温と湿度の関係を表すのであれば散布図（横軸に気温、縦軸に湿度）を使います。

散布図を使う場合、点と点をどうつなぐか、あるいはつながないのかも重要です。曲線（平滑線）でつなぐか、直線でつなぐか、線は不要かの三択です。点と点の間の値は得られていません。曲線でつなぐと、滑らかできれいなグラフはできますが、点と点の間の線の信頼性はありません。線でつなぐのであれば、直線を使うのが無難です。

一方、別々の事柄の大小を比較したい場合には棒グラフ、ある事柄の全体に対する割合を示したい場合には円グラフが使われます。そのほか、ソフトウェアによってさまざまな種類のグラフを描くことができますから、自分が表現したい内容を一番よく表すグラフを探してみましょう。ただし、円グラフや棒グラフなどを立体的に表現した3Dグラフを使うのは、場面をよく考えましょう。立体にすると見栄えはよくなるのですが、見た目のインパクトに紛れて読者に伝えたい本質的なところが伝わらないことがあります。立体的にするために影が付いたり、遠近感のある配置になったりすることで、視覚的な錯覚が生じる場合もあります。とにかくきれいなグラフで見る人の目を惹きたいという場合を除き、平面的なグラフで効果的に表現することができないかを、まず考えましょう。

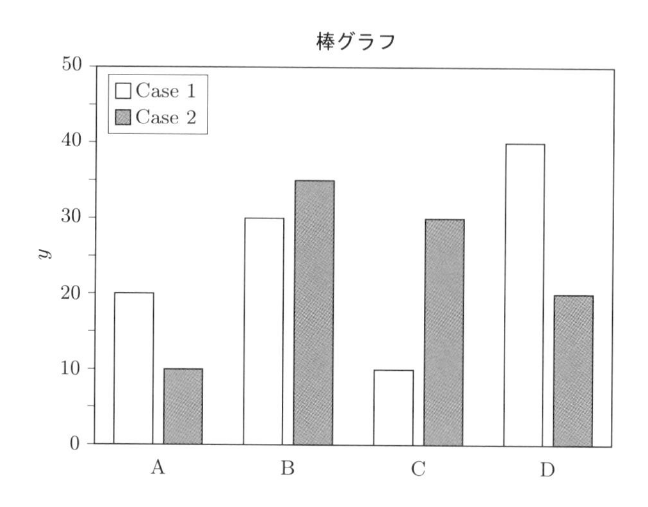

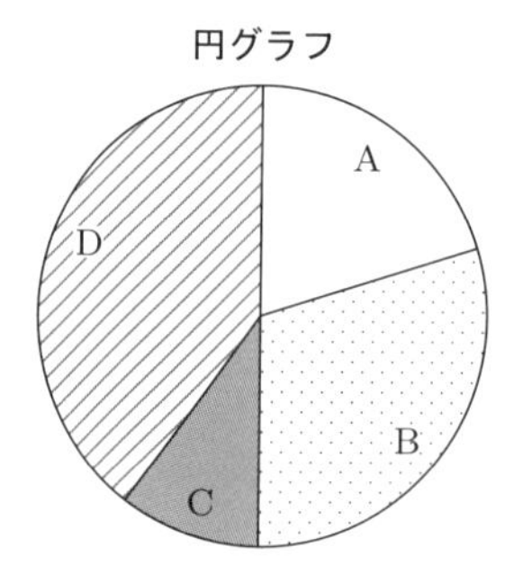

内容が正しく伝わるよう、
なるべくシンプルで見やすい
グラフをつくろう

POINT 結果を効果的に表現するグラフを考えよう。

【例】年齢層別の人口がどのように推移してきたかについて考察したい。

→　折れ線グラフ

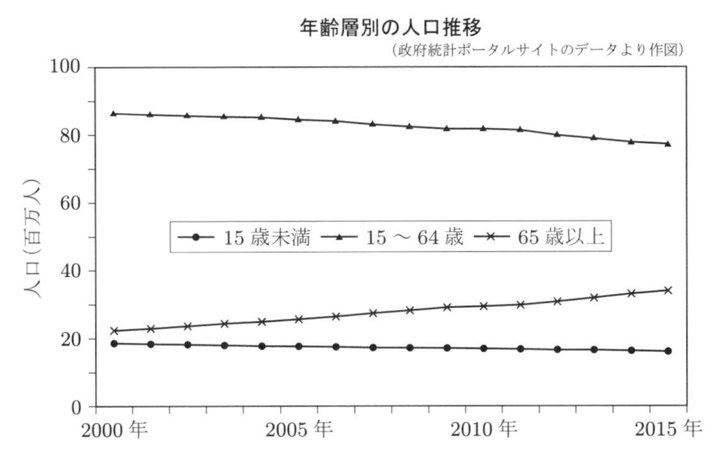

【例】年齢層別の人口の割合を 2000 年と 2015 年とで比較したい。

→　積み上げ棒グラフ

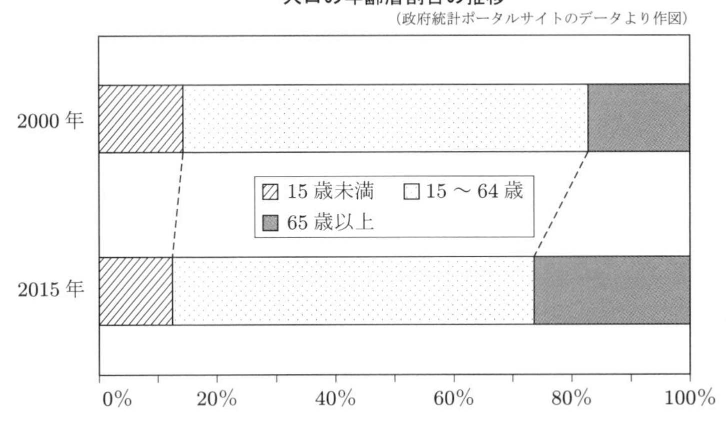

カラーユニバーサルデザイン

色の見え方には個人差があり、人によって違う見え方をする場合があります。カラーで図面を作成する場合には、色覚の多様性に配慮が必要です。使う色によっては区別がつきにくい色もあります。たとえば、茶色と紫とか、白とクリーム色とかの組み合わせは、避けたほうがよいとされています。黒と赤は文書作成でよく使われる色ですが、この2色がほとんど同じ色に見える人もいます。暖色系と寒色系を組み合わせるとか、色数を多くしすぎないとか、少しの工夫で誰もが区別しやすい図にすることができます。推奨される色の使い方については、カラーユニバーサルデザインの研究が進んできていますので、ぜひ検索して調べてみてください。

また、せっかくカラーユニバーサルデザインに気をつけて作図をしても、会議などではモノクロ印刷された紙媒体の資料が配布されることがあります。このような場合、せっかくきれいに作成したカラーの写真やグラフがモノクロ印刷されてしまい、伝えたい情報が伝わらなくなってしまいます。写真中の赤い領域は○○で、青い領域は○○でと議論をしても、モノクロ写真ではどの部分を指しているのかわかりません。グラフ中の赤い線は○○で、青い線は○○であると書かれてもモノクロの線画では区別がつきません。モノクロで読まれる可能性がある場合には、十分に注意して文書を作成する必要があります。

それに、カラー写真をそのまま使うよりも、白・灰色・黒だけを使ったグレイスケールにしたほうがわかりやすい場合もあります。どのような色表現を用いると効果的に自分の伝えたいことを伝えられるのか、しっかりと吟味しましょう。

POINT カラー図面では、色覚多様性や資料の配布形態にも気をつけよう。

わかりやすいグラフの書き方

グラフの良し悪しは、論文の評価を左右する場合があります。一読して内容がわかる文章がよいと書きましたが、グラフも同じです。一目見て内容がわかるグラフがよいグラフです。目的に適した種類のグラフにすることはもちろん、見た目の美しさも重要です。見やすいグラフにするには、前述のカラーユニバーサルデザインのほか、次のようなことに気をつけましょう。

- **軸をデータに適した範囲に変更**
  - —グラフが十分にわかりやすいような範囲に設定します。
  - —大きさがかなり違う場合には、対数軸にしたり、途中の軸を省略したりします。
  - —扱う数字が大きい場合は、グラフの軸の表示方法を10（万円）単位にするとか、mmをmにするとか工夫しましょう。
- **文字の色は黒に変更**
  - —デフォルトでは灰色になっていることがあります。
  - —大きさも、読みやすい大きさに変更します。
  - —小さすぎると読めませんし、大きすぎると本文の文字とのバランスが悪くなります。
- **線の色は濃い原色を使用**
  - —黄色やパステルカラーは見にくいので避けましょう。
  - —線の太さも、デフォルトでは見にくい場合があります。
  - —文書内で色の使用パターンを統一すると、全体の統一感がでます。
- **複数の線がある場合は容易に区別ができるように**
  - —何本も線がある場合には、太さや線の種類（点線や破線）を変えて区別しましょう。
  - —マーカーの種類を変えるのも効果的です。
  - —どの線が何を表しているのか、必ず凡例（はんれい）をつけます。
  - —凡例がグラフの線と重ならないように位置を工夫しましょう。
- **軸の数字・文字や目盛がグラフの線と重ならないように**
  - —Excelでは、軸ラベルの位置を「下端／左端」にすると重なりにくくなります。
  - —軸の目盛を外側にするなど、目盛がグラフの線と重ならないようにします。
- **似た図が複数ある場合は、最大値と最小値を揃える**
  - —図と図を比較しやすくなります。
  - —まったく大きさが違う場合には、無理に揃えなくてもかまいません。

・**図の位置設定に注意する**

—図を一つの文字と同じ扱いにする「図を行内に設置する」のが楽です。

—ほかの設置方法では、文章を変更すると図が予期せぬ場所に移動することがあります。

POINT グラフはソフトウェアのデフォルトで使わない。

どちらがわかりやすい？

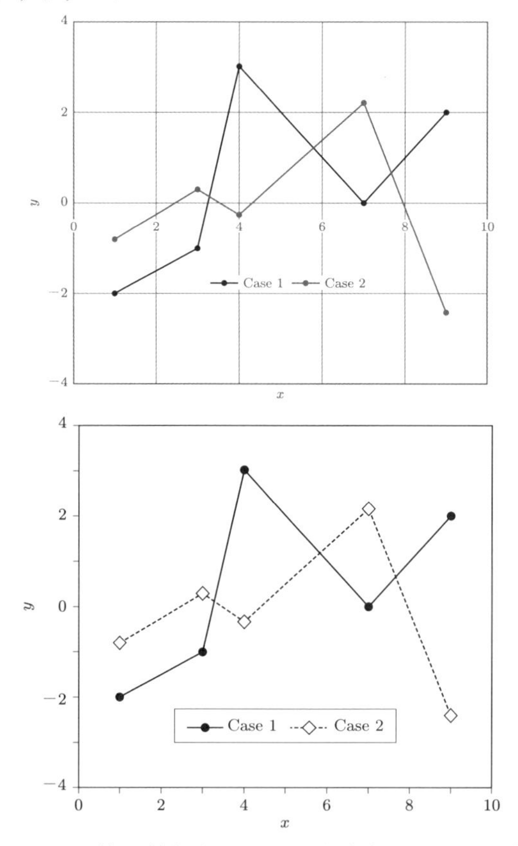

【添削後】下の図は、線の種類とマーカーを変えて、凡例や軸の文字を大きくしました。

横軸の数字も、線に重ならないよう工夫しました。

写真掲載の注意点

工学系の文書には、さまざまな写真がデータとして用いられます。カメラで撮影した地形や構造物、顕微鏡で観察されたデバイスやミクロな細胞、原子レベルの欠陥などです。このような写真データから、大きさ、長さ、高さ、深さ、厚さ、密度などの情報を得ることができます。

次の二つの写真を見比べてみましょう。二つの写真に写っている建造物はどちらのほうが高いでしょうか？

東京タワー

東京スカイツリー

私たちは東京タワーよりも東京スカイツリーのほうが高い建造物であることを知っていますから、当然右の写真の建造物のほうが高いと答えます。しかし、東京タワーも東京スカイツリーも知らない人がこの写真を見せられたら、左の東京タワーのほうが高いと答えるかもしれません。なぜなら、二つの写真では東京タワーのほうが高く見えるからです。なぜこのような違いが生じるのか、皆さんはすぐわかると思いますが、写真の倍率、すなわち縮尺が二つの写真で異なっているのが原因です。

写真データを取得する際には、カメラや顕微鏡で倍率をいろいろ変えて撮影します。小さいものも高倍率で撮影すれば大きく写ります。その逆もまたしかりです。それらのデータをレポートや学術論文に掲載する際には、適切に文章内におさまるように拡大縮小して貼り付けますから、実際にデータとして載せる写真の倍率・縮尺はさらに変化します。したがって、写真データの長さを正確に表すためには、その写真の縮尺を表す数値が必要となります。

一般的には、写真データの端にスケールバーという縮尺を示すバーを表記します。このスケールバーがあることで、写真データ内の長さの基準がわかります。逆をいえば、スケールバーのない写真データに写っているものからは、大きいのか小さいのか、長いのか短いのか、信頼できる情報はまったく得られません。写真データには必ずスケールバーをつけることを心がけましょう。これは、地図を載せるときも同じです。

ここで、さらにわかりやすい文書を書くためのワンポイントです。A 君は以下の二つの写真をレポートに用いました。

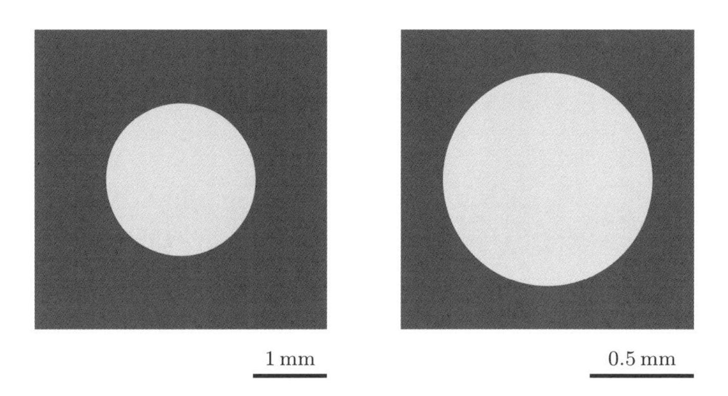

そして、「左図の穴の直径は右図の穴の直径よりも大きい」と書きました。しかし、写真を見ると右図の穴のほうが大きく写っています。A 君は、いわれたとおりにそれぞれの写真にはきちんとスケールバーを付けています。そして、よく見るとスケールバーから計算される穴の直径は左図が 2 mm、右図が

1 mm となっていますから、A 君の書いていることに間違いはありません。しかし、これは読者に対して不親切です。一見、右のほうが大きく見える写真を載せながら左のほうが大きいと論じるのは、データとしては間違っていなくても、読み手のことを考えたまとめ方にはなっていません。このような場合は、次の図のように両者の写真のスケールを揃えて、大小の議論が写真データとも整合するようにしましょう。

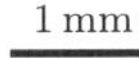

1 mm

POINT 地図や写真データには縮尺やスケールバーが必要。

写真データに縮尺・スケールバーがないと
　　→ 大きい、小さい、長い、短いなど、長さに関する議論ができない

縮尺・スケールバーがそろってないと
　　→ 読者に誤解を与えやすい

ビットマップ画像とベクター画像

図を文書に入れる際、ほかのグラフィックソフトウェアで図を作成して貼り付けることがあります。図を作成するソフトウェアには、大きく分けてペイントソフトとドローソフトがあります。ペイントソフトは画像を描く画面を細かい格子に分解して、一つ一つの格子（ビットマップ）の色を指定することによっ

て全体の絵を表現するソフトウェアです。作成されるものはビットマップ画像とよばれ、絵画の点描のようなものです。非常にきれいな画像を描くことが可能ですが、文書に貼り付けてから拡大するとギザギザになってしまうことがあります。読者がどんな解像度（どれぐらい細かい画像を表現できるかという度合い）の機器で見るかによって、見え方が違ってくる可能性もあります。それに対してドローソフトは、線の情報を数式で表現したベクター画像を作りますから、拡大縮小しても画質が変化しません。

そのため、工学系の文書ではドローソフトで図を作ることが多くなっています。ただし、写真はビットマップ画像でしか表現できません。

注意が必要なのは、ドローソフトで作成した図を、文書作成ソフトに貼り付ける段階です。普通にコピー＆ペーストすると、画質の粗い図として貼り付けられてしまうことがあります。文書作成ソフトに貼り付ける際には、貼り付ける形式を指定して貼り付けられるようになっています。拡張メタファイルやEPSなど、ソフトウェアによって使える種類が違いますが、ベクター画像として貼り付けるようにしましょう。ベクター画像が使えない場合には、なるべく大きく描いてから貼り付け、文書作成ソフトで縮小するときれいになりますが、ファイル容量は大きくなります。

また、表計算ソフトからグラフを貼り付ける場合も同じです。そのまま貼り付けると、ほかのソフトウェアへのリンクまで貼られてしまい、あとで数値が変わったり、ファイル容量が不必要に大きくなったりすることもあるので注意しましょう。ベクター画像で貼り付けることを、単に「図としてペースト」と書かれている場合もあり、ソフトウェアによって統一されていません。いろいろな方式でコピー＆ペーストし、貼り付けたあとで拡大したり印刷したりして、どの方式が一番よいか試してみてください。

POINT 拡大してもきれいな図を使おう。

図表の参照

図や表や写真を掲載する場合、必ず本文で説明しなければなりません。その図表が何を表現しているのか、文章できちんと説明しなければ、図表の意味が読者に正しく伝わりません。本文で図表を参照するために、図表には番号を付けます。「図 1 震源からの距離と計測された加速度」のように書かれた部分を、図表のキャプション（見出し）とよびます。図や写真のキャプションは図や写真の下に書き、表のキャプションは表の上に書くという慣例があります。

英語では、図を Figure、表を Table、写真を Photo.（図として扱うこともある）と表記します。

文章では「図 1 に△△の結果を示す。」と表記したうえで、「図 1 より○○がわかる。」のように図の番号を使って参照します。レポートや論文にはたいてい図表がたくさんありますから、説明している内容がどの図表のことなのか明示しなければ、読者はなぜそのような結論が導かれるのかわかりません。逆に、本文で参照しない図表は不要です。せっかく実験をしたから結果の表を掲載しておく、ということは許されません。説明のない図表があると、読者が文章の論理を追っていくのに邪魔になるだけです。

論文に載せる図は、自分で一から作成することが推奨されますが、たとえば、国が提供する資料の図に、説明文や新しいデータポイントだけを追加したいということもあります。その際には、元の図をコピーしてきて加筆したものを使用し、「○○（図の出典名）に一部加筆」というキャプションを書きます。ただし、著作権の問題がありますから、使用する図表が引用可能かどうかには、十分注意する必要があります。

研究論文の場合、図表のキャプションの書き方は、投稿する論文集ごとに決まっていますので、その指示に従います。図 1 なのか図-1 なのか、英語では Figure 1 なのか Fig. 1 なのか、細かく規定されているのが普通です。

英語の場合、省略を表すピリオドに注意しましょう。図を参照する場合、Figure 1 とせずに、Fig. 1 とするよう規定されている場合があります。ただし文頭では Fig. 1 ではなく Figure 1 と略さない場合もあります。また、表を参照する場合に使う Table 1 の Table は省略形ではありませんから、Table. 1 とするのは間違いです。

POINT 図表を載せたら、参照しながら説明する。

【例】この図より、A のほうが B より効果的であることがわかった。

↓どの図？　図のどこを見ればその結論が理解できる？

【添削後】図-3より、すべての場合においてAがBより10%以上大きくなっており、A のほうが効果的であることがわかった。

論文に掲載できるような表を作ろう

工学系の論文で使う表は、文書作成ソフトのデフォルト設定のままで作ってはいけません。一般的な文書作成ソフトは、デフォルトでビジネス向けに美しく見えるような表を作るようになっています。デフォルトで作られる縦横の罫線で囲まれた表は、工学系の論文ではあまり使われません。網かけも、プレゼンテーション以外ではほとんど使いません。たとえば、次のような表がよく用いられます。

TABLE I. Basic parameters of the measured samples.

Sample No.	Temperature (℃)	Thickness (nm)	Carrier type	Carrier density (10^{18} cm^{-3})
T1969	500	150	N	1.27
K1972	480	150	P	2.10
A2000	400	200	P	1.19
R2003	450	200	P	9.11
S2008	600	250	N	9.02

キャプションの次、表の1行目が見出し行で、各列の説明を記します。2行目からは左端の列に並べた項目に対する特性などを横に並べます。上の例だと、各サンプル（T1969、K1972、…）に対するパラメータが横に並んでいます。このように並べることにより、各サンプルの特性を比較するという意味の表になります。

同じ内容の表でも、行と列を逆に配置すると意味が少し違ってきます。表は上から下に読まれます。前ページに例として示した表の行と列を逆に配置すると、Temperature や Thickness が各サンプルでどう違うのかを比較するという意味の表になります。この表で自分が何を表現したいのかを考えて、何を縦に並べて何を横に並べるのか決めてください。

表にする内容が決まったら次は書式です。工学系の論文で表を使うときには、次のようなことに気をつけましょう。

(1) 縦線はあまり使わず、横線も見出しと数字の間ぐらいにして、なるべく罫線を少なくします。一番上と下の横線だけ、太線や二重線にします。
(2) 行間は少し広めに設定します。
(3) 有効数字に気をつけ、数字の単位も忘れずに付けます。
(4) 小数の場合は、小数点の位置を揃えます。整数は右端を揃えます。文字は中央揃えか左揃えにします。
(5) 表の番号とキャプションは、表の上に書きます(図の番号とキャプションは、図の下に書くので間違えないでください)。

POINT なくてもわかる罫線は消す。

次の表を、論文向けに修正してみよう。

表 1

	A	割合	B	割合
Case 1	3.5343	17.6715	8.321	41.6
Case 2	2.534335	12.671675	3	15
Case 3	4	20	2.1	10.5

【修正例】

表 1　各ケースにおける A と B の含有量

	A (mg)	割合 (%)	B (mg)	割合 (%)
Case 1	3.53	17.7	8.32	41.6
Case 2	2.53	12.7	3.00	15.0
Case 3	4.00	20.0	2.10	10.5

3.3 インターネットの活用

今日ではインターネットを使わない生活は考えられません。インターネットを使えば、いろいろな情報を世界中から瞬時に集めてくることができます。しかし、インターネットには気をつけないと変な情報も混じっています。ここでは、情報の質をしっかりと見極め、適切に利用する技術について学んでいきましょう。

インターネット情報

何かについて調べたいとき、あなたはどうしますか？　まずはインターネットで検索する人が多いと思います。どんなに知名度の低い事柄であっても、たいていは何かしらの情報を得ることができます。でもちょっと待ってください。それは誰が書いた情報ですか？　どのくらい信頼できますか？

インターネットのページ（ウェブページ）は、誰でも自由に書くことができます。インターネット情報の全体を統括している人はいませんから、管理も書いた人に任されています。そのため、古い情報のまま更新されていない場合もあります。しかも、そのページがいつまでも存在している保証はありませんから、いつの間にか見ることができなくなっていることもあります(リンク切れ)。間違った内容であってもそのまま掲示されていることがありますし、面白がってわざと間違ったことを書く人だっています。もちろん中には素晴らしい内容のページもあり、要するに玉石混淆(こんこう)です。

では、玉石混淆のインターネット情報の中で、どうやって正しい情報を探せばよいでしょう。一つは、必ず複数の情報源を参照するということです。複数のページに書かれていても一つの情報源から拡散しているだけの場合は、内容がほとんど同じであることから判別できます。また、正しい情報の場合は出典が書かれている場合が多く、その出典に当たることによって内容を確認できます。

ウェブページを情報源として提示する場合には、そのページの閲覧日を書くことが決まりになっています。それでも、いつアクセスできなくなるかわかりませんし、内容が変わるかもしれません。インターネット情報を参照するのはかまいませんが、それを参考文献とするのはなるべく避けたほうがよいでしょう。

しかし、論文やレポートを書く場合、参考にした情報源としてウェブページを挙げざるを得ないこともあります。学術論文などでは、DOI（Digital Object Identifier）という固有の番号が付けられ、論文を保管するサーバーのURLが将来変わっても、その番号は変わることがありません。これは、国際DOI財団が世界的に番号を割り当てており、日本ではジャパンリンクセンターが認定機関として番号を付与しています。

https://doi.org/論文などに固有の番号

という形式で、永続的にアクセスできることが保証されています。リンク切れになることがないので、参考文献に挙げられていたら、読者がその論文に確実にアクセスすることができます。

POINT インターネット情報は参考になるが、その情報だけに頼らない。

インターネット情報の裏をとるためには？

- 出典（一次情報）にあたる。
- 辞書や新聞記事（二次情報）などを探す。
- 複数のウェブページで確認する。
- 知っていそうな人に確認する。

サーチエンジン

レポートや論文を書いていると、どういう風に表現すればよいか、このような言葉遣いは正しいだろうかと迷うことがあります。とくに英語で論文を書く場合、こんな単語や文章は一般的に使われているだろうかと不安になります。前に見た論文に書いてあったような記憶があっても、どの論文だったか探すのが難しいときがあります。

そんなときに便利で役立つのがインターネットのサーチエンジン、とくに学術論文の検索に特化しているGoogle Scholar（https://scholar.google.co.jp/）です。Google Scholarはもちろん論文情報の検索に使えますが、検索キーワードに調べたい語句や表現を入力すれば、それらが使われている論文がヒットします。たとえば、○○と書いたほうがよいか、△△と書いたほうがよいか、どちらが一般的かわからないとき、Google Scholarで検索してみましょう。その結果、○○が使われている論文数が100件、△△が使われている論文数が10,000件であれば、△△のほうがより広く適切に使われている表現であることがわかり、△△の表現を使おうと判断することができます。

ほかにも、国立国会図書館、国立情報学研究所、各大学図書館のホームページが、論文情報の検索には有効です。

学術・科学技術の分野では、決められた言葉や特殊な表現というものが多くあるので、経験の浅い人が間違った言葉遣いをしてしまうことはよくあります。このため、2.4節で述べたように多くの専門分野の論文を読んで、自分のいる世界の常識に慣れることが大事です。自分の感性や語彙力で考えついた表現(とくに英語！）が、この世界で通じるかどうか、サーチエンジンを使って確認しておきましょう。

POINT 論文専用のサーチエンジンを活用しよう。

情報の再利用には要注意

デジタルライティングの魅力の一つに、文字や文章のコピー&ペースト（通称コピペ）が容易にできることが挙げられます。下書きレベルで草案を書き、それらをコピー&ペーストで自由に並べ替えながら文書全体の構成を仕上げていくことが可能になり、文章作成にかかる時間も大幅に短縮されました。一方で、インターネット上にあふれているさまざまな情報（文章、イラスト、写真など）を、いとも簡単に自分のレポートや論文にコピー&ペーストすることも可能になりました。1.5節でも説明しましたが、このような行為は「剽窃」とよばれ、著作権法に違反する行為となります。引用元の情報を明示したうえで著作権法に則った引用をする場合であっても、インターネット上の情報を自分のレポートや論文に再利用するときには、情報元の信憑性をよく確認するなど十分な注意が必要です。

インターネット上の論文や解説、教科書などを参考にすることは大事ですが、必ず自分自身の言葉で文章を考えてまとめ直しましょう。

では自分の文章や図なら大丈夫でしょうか？　この問題は自己盗用・自己剽窃とよばれています。たとえ自分の文章でも、学術論文では二重投稿などの理由で研究不正とみなされることがあります。学会の論文集に投稿する場合には十分に注意しましょう。

POINT 人の文章をコピー＆ペーストすることは厳禁。

3.4 参考文献の書き方

参考文献を示す理由は二つあります。一つは、参考にした資料を示さないということは、自分のオリジナルだと主張していることになって、場合によっては不正行為とみなされるためです。もう一つは、自分の研究が国内外の研究の中でどのような位置づけなのかを明確にするためです。本節では、正しい参考文献の示し方について学びましょう。

参考文献の書式

インターネット情報だけでなく、本や論文から得られた情報を利用した場合にも、必ずそれを明示しなければなりません。明示しなければ著作権法違反になることもあります。そのため、レポート作成においても論文作成においても、本文に引用した事項の参考文献を正しく記載することが必要です。一般的に、著者名、タイトル、雑誌名、巻、号、ページ、発行年などの情報が必要とされています。

自分が作成するレポートにおいて、どのような情報を載せるかは自分次第ですが、最低限必要な情報がないと、どの文献を参考にしたのかがわかりません。著者名とタイトルだけあっても何の雑誌に掲載された情報なのかわかりません。

また、自分のレポートや論文だからといって、参考文献の記載方法がばらばらでは困ります。次の例を見てみましょう。

〔1〕T. Yamada, H. Sato, J. Hikawa, T. Arai, Appl. Phys. Express 9, 07211 (2015).
〔2〕Taro Yamada, Hanako Sato, Phys. Status Solidi 305, (2010) 28.
〔3〕Casval Rem Deikun, Takashi Fujita, Shiro Mori, Takuya Arai and Akio Fujimura, "Threading Dislocation Reduction in GaN Grown by Radical Beam Irradiation", Japanese Journal of Applied Physics 56 (2017) pp. 0502-0504.
〔4〕A. Bauer, J. O'Brian, C. Almeida, T. Palmer, D. Taylor : Jpn. J. Appl. Phys. 45, 5660 (2004).

間違ってはいませんが、統一された書式で書かれていないところが多くあります。

- 著者の表記がフルネーム(Taro Yamada)だったり、イニシャルを使って書かれていたり(T. Yamada)
- 論文のタイトルがあったり、なかったり
- 雑誌名がフル表記(Japanese Journal of Applied Physics)だったり、略称(Jpn. J. Appl. Phys)だったり
- 論文情報の順番が、巻、年、ページの順番だったり、巻、ページ、年の順番だったり
- 著者名と雑誌名の区切りがカンマ(,)だったり、コロン(:)だったり

書式を統一すると次のように修正されます。

〔1〕T. Yamada, H. Sato, J. Hikawa, T. Arai, Appl. Phys. Express 9, 07211 (2015).
〔2〕T. Yamada and H. Sato, Phys. Status Solidi 305, 28 (2010).
〔3〕C. R. Deikun, T. Fujita, S. Mori, T. Arai and A. Fujimura, Jpn. J. Appl. Phys. 56, 0502 (2017).
〔4〕A. Bauer, J. O'Brian, C. Almeida, T. Palmer, D. Taylor, Jpn. J. Appl. Phys. 45, 5660 (2004).

POINT 信頼度を上げるためにも参考文献の記載は重要。そして書式は統一しよう。

参考文献がないと何が問題？
・信頼度が低くなる：
　　参考文献がないと読者が一次情報を確認できないので信頼できない。
・著作権にふれることがある：
　　出典を示さずに引用すると著作権法違反となることがある。

論文データベースの利用

参考文献に必要な情報は複雑です。論文名が長くて著者が多いときなど、間違えずに入力するのは大変です。そこで、論文の電子ファイルやウェブページの画面からこれらの情報をコピーすれば、間違えることなく自分の文章に記載することができます。とても便利です。しかし、参考文献の表記のされ方は、論文雑誌ごとで異なっています。タイトルまで書くもの、書かないもの、著者名がフルネームなもの、そうでないもの、ページ数が最後にくるもの、そうでないもの、という感じでばらばらです。そのような状態のものをそのままコピーしてきて貼り付けたのでは、前述の例のようなばらばらの書式の参考文献リストになります。少なくともこの状態から、自分で自分仕様の統一した書式に直す必要があります。また、各学術雑誌にはそれぞれ決められた参考文献の書き方がありますので、それに従う必要があります。

さて、このような作業を毎回繰り返すことは大変面倒です。同じような研究テーマを続けていれば、参考文献も同じようなものを使うことが多くなります。しかし、Aという雑誌に論文投稿するために準備した参考文献リストを使ってBという雑誌に論文投稿しようとすると、参考文献の書き方を修正しなければなりません。このような作業をサポートしてくれるソフトウェアとして、Mendeleyという論文データベースソフトがあり、多くの大学において無料で使えるようになっています。詳細は省きますが、データベースに保存した論文の中から、参考文献に使いたい論文を選択して、それぞれの雑誌用の参考文献書式を指定すれば、リストができあがります。書式を自分で設定することも可能です。

POINT 面倒なことはコンピュータにさせよう。

文献情報の省略形

参考文献を正確に書こうとすると長くなりがちですが、要は読者がその文献にアクセスできるかどうかが一番重要です。ですから論文集では各種の省略表示が規定されています。たとえば、論文集を表すJournal ofはJ.だけでよい場合があります。前述の例［3］のJpn. J. Appl. Phys.は、Japanese Journal of Applied Physicsの略ですが、この分野の読者は省略してあってもどの論文集か特定することができるので、なるべく字数が少なくなるようにしてあるのです。

また、参考文献のページ数を表すpp.はpagesの省略形ですから、必ずピリオドが必要です。1ページだけを参照する場合には、pp.ではなくp.を使います。ただし、これも論文集によって規定が違っていて、複数ページでもp.を使う場合がありますし、p.もpp.も使わず数字だけという場合もあります。

論文は上限ページ数が決められていることが多いので、なるべく本文に多くのページを割き、参考文献リストは短くする工夫がなされているのです。

POINT 自分勝手な省略形は理解されないので通例に従おう。

3.5 文書の保存

デジタルライティングで一番の不安材料は、文書の消失です。電子的な文書は、何かに保存しなければ内容が残りませんし、適切なソフトウェアがなければ内容を読むことができません。せっかく書いた文書を活用するためには、適切な方法で保存することが重要です。ここでは文書の保存に関するテクニックを学びましょう。

文字化けを防ぐ

デジタルライティングの利点の一つとして、簡単にほかの人とファイルのやりとりができることがあります。ほかの人と一緒に文書を作り上げたり、レポートや論文をオンラインで提出したり、ファイルを共有したりすることが日常的に行われます。コンピュータで作成した文書を紙に印刷して提出する場合は、意図したとおりにきちんと印刷されているか、自分の目で確かめてから提出することができます。自分が見たとおりの文書を読者も読むことになるので安心です。

しかし最近では、電子ファイルで文書を提出する機会が増えています。講義で出されたレポート課題をコンピュータで作成し、ファイルをアップロードしたり、メールに添付したりして提出します。学会のアブストラクト投稿、論文投稿も、学会の投稿システムを通じて、電子ファイルで送ります。そんなときには、紙で提出する場合と違って気をつけないといけないことがあります。

それは、ほかの人もあなたと同じコンピュータをもっているとはかぎらないということです。日本語の文書を英語しか入っていないコンピュータで読もうとした場合のように、使うコンピュータによって表示される文字が違う場合があります。文字にはそれぞれ符号（コード）が割り振られていて、コンピュータはその符号を元に文字を表示します。しかし、文字と符号とを結びつける規則（エンコード）がいくつもあって、話がややこしくなっています。どの種類の規則で保存されているかによって、別の文字が表示されてしまうことがあるのです。これを文字化けといいます。

とくに、機種依存文字とよばれる文字には気をつけましょう。コンピュータで使われているOS（Windows か Mac かなど）によって、同じ符号なのに違う文字が割り当てられている文字で、文字化けしやすい文字です。①のような丸で囲まれた数字、ⅢやⅣのようなローマ数字、㈱のような複数文字を1文字で表したものなどが該当します。機種依存文字かどうかをチェックするウェブページもあるので、不安に思ったらチェックしてみましょう。

POINT ほかの人が自分と同じコンピュータを使っているとはかぎらない。

PDF形式での保存

ファイルの保存に関しては、文字化け以外にもいくつか注意が必要です。自分のコンピュータで作成したレポートや論文は、自分のコンピュータ環境では問題なくきれいに表示され、これでOKと完成させて提出するわけです。しかし、それを受け取った相手側のコンピュータでファイルを開くことができ、自分が意図したとおりに表示されるでしょうか？

・特殊な文書作成ソフトを使って作成したため、相手側のコンピュータにそのソフトウェアがインストールされておらずファイルを開くことができない。
・最新バージョンの文書作成ソフトで作成したが、相手がもっているソフトウェアのバージョンが古く、ファイルが開けない。あるいは、開くことができても文字や図面が正しく表示されない。
・自分のコンピュータに入っているフォントが相手側のコンピュータに入っておらず、うまく表示されない。

このようなトラブルを回避するためには、PDFファイルの利用が推奨されています。PDFはポータブルドキュメントフォーマット（Portable Document Format）とよばれる電子文書ファイルのフォーマットで、アドビ社が開発したものです。作成側の環境がどんなソフトウェアでも、どんなバージョンでも、作成した文書ファイルをPDFファイルにして送れば、相手側がどんな環境であっても、そのPDFファイルをほぼ同じ内容で開いて閲覧することができます。

現在、インターネット上に配布されているさまざまな文書や、オンラインで閲覧可能になっている学術論文などは、ほぼすべてがこのPDFファイル形式になっています。学術論文のファイルをダウンロードした人が、その内容を改変したら大変な問題になります。しかしPDFファイルなら、内容を変更できないファイルとして保存されるので安心です。読み手側のコンピュータに、PDFファイルを閲覧できるAcrobat Readerなどのソフトウェアがインストールしてあれば、これらを自由に閲覧できます。

また、最近の文書作成ソフトでは、保存する際のファイル形式にPDFを選択できるようになっているので、誰でもPDFファイルを作成することが可能です。このように、PDFは電子文書ファイルをやりとりする際の標準形式になっているので、自由に使えるようになっておきましょう。

ただ、PDFにする際に注意しなければならないことがあります。それは、使われているフォントの問題です。文書によっては、特殊なフォントを使っている場合があります。誰もが読めるようにするためには、保存する際のオプション画面から、文書で使われているフォントをファイルに含めるのが確実です。これをフォントの埋め込みとよびます。このようにすれば、ほとんどのコンピュータで、著者の意図どおりの表示をさせることができます。

POINT 多くの人が読めるようにするには、PDF形式で保存する。

ファイルの容量

文字だけのファイルはそれほど容量が大きくありませんが、図や写真が含まれているとファイル容量がかなり大きくなることがあります。容量が大きなファイルを送信すると、時間がかかったり、相手が受け取れなかったりします。メールに添付して送ることのできるファイルの容量や、提出時にアップロードが可能な容量に制限がある場合もあります。図や写真をたくさん使った文書ではファイル容量が数MBになりますし、動画を入れると数GBになることもあります。

容量が規定の上限を超えてしまった場合には、ファイルを小さくする必要があります。方法の一つは、写真や動画の画質を落とすことです。この場合は、画質を落としても読者に内容が伝わる限界を見極める必要があります。しかし、画質を落としても容量が大きすぎる場合や、そもそも画質を落としたくない場合もあります。

そんなときには、ファイルを圧縮すると便利です。一つ一つのファイルを圧縮することもできますし、いくつものファイルをまとめて一つのファイル（書庫といいます）に圧縮することもできます。たくさんのファイルを送ると、受け取る側の処理が大変になることがありますので、そんなときは書庫に格納してまとめると便利です。

圧縮する場合、どのような形式で圧縮すればよいでしょうか。特殊な形式で圧縮してしまうと、受け取った人が元に戻せません。元に戻すことを解凍するといいます。圧縮方法が規定されていない場合、ZIP 形式だと解凍できる人が多いと思います。

POINT 容量が大きなファイルや、ファイルの数が多いときは、圧縮して書庫に格納して送信する。

保存に関するトラブル回避

「先生、ノートパソコンでレポートを書いていたのですが、データが消えてしまいました」という悲しい報告を受けることがよくあります。私も大切な報告書をコンピュータで書いていて、突然コンピュータのフリーズで数時間かけて書いた文章が消えてしまい、ショックを受けたことがあります。コンピュータで文章を書いた経験がある人は、こうした悲しい経験をしたことがあるのではないでしょうか？　コンピュータは、一番故障してほしくないときに故障しがちです。故障すると、それまでに入力した文章はなくなってしまうことがほとんどです。当然のごとく、コンピュータで書いた文章は電子データですから、記憶媒体に保存していなければ手元に残りません。せっかく作成しても保存前のものは消えてしまいますから、対策としてこまめにファイルを保存することが必要です。

とはいっても、集中して作業をしていると数時間ぐらいファイルを保存することを忘れて文章を作成してしまい、ファイルが消えてしまったあとで、あのとき保存しておけばよかったと後悔しがちです。これを防ぐためには、自動保存のオプションを使うと便利です。数分ごとにファイルが自動保存されますので、コンピュータにトラブルがあっても、自動保存された数分前のファイルが残っています。

また、作成中のファイルだけでなく、すでに記憶装置に保存されているファイルについても注意が必要です。使っているノートパソコンだけに大事なファイル（講義のレポート、実験データ、論文原稿、学会発表資料、就活エントリーシートなど）を保存しておくと、パソコン本体や記憶装置が壊れたり、盗難に遭ったりすればすべてを失います。これらのデータは、こまめに別の携帯型記憶装置やクラウドストレージにバックアップをとって予防しておきましょう。

クラウドストレージとは、インターネットを介してファイルを保管するサービスで、Microsoft 社の OneDrive、Google 社の Google ドライブ、Dropbox 社の Dropbox などがあります。メールでは送信できない容量の大きいファイルをほかの人と共有することもでき、共有されたファイルを複数人で同時に編集することも可能です。しっかりとしたセキュリティ対策をうたっているサービスも多く、メールでファイルをやりとりするよりは安全だと考えられています。大容量データのバックアップにも便利です。ただし、機密文書などの重要なデータをクラウドストレージに保存する際は、情報漏洩に十分気をつける必要があります。

POINT 転ばぬ先の杖として、こまめにバックアップを。

毎年 3 月 31 日は、世界バックアップデー。思いついたときに、ぜひバックアップを。

ファイル名の工夫

文書の保存に関して、もう一つ覚えておきましょう。文章を修正して保存すると、当然、古い文章は消えてしまいます。ところが、修正したあとで、以前の文章のほうがよかったと思うことも結構あります。そのため、古い下書きもファイル名を変えて保存しておくと便利です。その際に参考となるのが「バージョン管理」という文書管理方法です。新規にファイルを作成したものを「第 1 版または Ver.1」、次に修正したものを「第 2 版または Ver.2」というように管理すると、文書の保存履歴も残って便利です。

ファイル名に関しては、自分なりの決まりを設けましょう。ファイル名さえわかれば、記憶装置のいろんな場所に何千とファイルがあっても、一瞬で検索してくれるソフトウェアがありますから、目的のファイルを見失うことはありません。せっかく書いた文書を、将来、探せなかったりすることのないよう、ファイルを保存するときによく考えましょう。

POINT 探せないファイルは、存在しないも同然。

ファイルの共有や提出におけるセキュリティ

ファイルを人と共有する場合、不特定多数に知られたくない情報が含まれている文書では、セキュリティに気をつけましょう。情報漏洩なんて大げさなことは自分には関係ない、とは思わないでください。情報漏洩は、ちょっとした不注意から始まるのです。

ファイルをパスワードで保護し、受け取った人ならわかる数字や言葉をパスワードとすることで、セキュリティを強化することができます。多くの文書作成ソフトには、作った文書をパスワードで保護する機能が付いています。Microsoft Word や Excel では、ファイルメニューで表示される画面で「文書の保護」を選び、「パスワードを使用して暗号化」でパスワードを設定することができます。ただし、パスワード付きファイルをメールに添付して送り、あとからパスワードもメールで送るという方法では、ほとんどセキュリティ強化にならないといわれています。パスワードを別の方法で知らせたり、セキュリティ面にすぐれたクラウドサービスを使ったりするなど、別の方法を考えたほうがよさそうです。

また、ファイルには作成者の名前などの情報が含まれていることがあります。ファイルのプロパティを表示させる（Mac では「情報を見る」）と、いろいろなファイル情報を見ることができます。会社の書類だと、その会社にいる人の氏名がわかる場合もあります。写真のファイルでは撮影日や撮影場所もわかる場合があり、その日の撮影者の行動がわかります。不特定多数の人が見るファイルでは、このようなファイル情報を消してから配布するなど、個人情報の漏洩に気をつける必要があります。

POINT 情報漏洩を防ぐのは、ちょっとした注意から。

3.6 文章の仕上げ

いよいよ文章を仕上げていきましょう。下書き段階ではあまり気にする必要はありませんが、内容が決まって清書する段階では、全体を通してきれいに整った文書に仕上げなければなりません。この段階では、デジタル文書ならではのテクニックをいろいろ使うことができます。技術文書特有の決まりごともありますから、一つ一つ身につけていきましょう。

書式を整える

デジタルライティングのメリットの一つに、自筆で書く必要がなく、きれいに統一された文字で文章が書かれることがあります。字が下手な人が書いた自筆のレポートは、一体何が書いてあるのか解読するのが困難なことがよくあります。字が上手な人でも、はじめはていねいに書いていたのに、何ページも書いて疲れてくると字が乱れてきて、はじめのほうと最後のほうで全然見栄えが違うなんてこともあるでしょう。これに対して、文書作成ソフトを使った文字入力では、字がきれいでも下手でも、元気でも疲れていても、入力さえすればいつでも同じきれいな文字で書かれた文章が作成できます。読み手の人が、この字は一体なんて書いてあるんだろうか？と悩むこともありません。デジタルライティングは書き手にとって便利なだけでなく、読み手にとってもご利益は大きいのです。

その一方で、手書きで書いていたときにはとくに気にしなくてもよかったことに気をつける必要があります。文書作成ソフトで作成した文字・文章には、書式というルールが生じます。この決められたルールで文字が入力され、文章が作成されますので、そのルールをよく理解したうえで、適切に活用したり、修正したりする必要があります。また、自分で書いた草案からコピー&ペーストした情報をつなぎあわせると、書式が異なっている場合があり、全体を通して統一された書式に修正する必要もあります。以下に、気をつけるべき項目を挙げます。

(1) 文字フォント

フォントを大きく分けると、日本語ではMS明朝や游明朝などの明朝体と、MSゴシックや游ゴシックなどのゴシック体があります。英数字ではTimes New Romanなどのセリフ体と、Arialなどのサンセリフ体に分けられます。一般的に本文中のフォントは統一されるべきです。見出しや強調したい箇所には異なるフォントが使われることもあります。かといって、POP体など広告ポスターに使われるような過度に目立つフォントは好ましくありません。身の回りにある教科書、学術雑誌などに、どのようなフォントが使われているか観察してみましょう。

(2) 文字サイズ

たとえばMicrosoft Wordで文章を書き始めると、標準で10.5ポイントの文字サイズになります。このサイズで書かれた文章は、コンピュータの画面や印刷した文書で問題なく読むことができます。一般的に適切なサイズです。タイトルや見出しは、14ポイントや12ポイントに大きくして目立たせることもあります。

(3) スタイル

文字のスタイルには、標準（正体）、斜体（イタリック）、太字（ボールド）、太字斜体（ボールドイタリック）があります。タイトル、見出しや本文中の強調したい箇所のスタイルを変えることで見やすい文章になります。アルファベットでは斜体がよく用いられますが、日本語の斜体は読みにくいので注意しましょう。また、強調箇所を太字にする場合、多すぎると読みにくくなって逆効果です。数学の変数はイタリック、ベクトルはボールド、値の数字や単位は正体など、慣例的に決まっているものもあります。【例】質量 $m = 1\ \mathrm{kg}$

(4) 下　線

文書作成ソフトでは、一重、二重、点線、破線、波線など、文字にさまざまな下線を引くことができます。スタイルと組み合わせて、タイトル、見出しや本文中の強調したい箇所に下線を引くことで見やすい文章になります。

(5) 文字飾り

工学系の文書では、数値、単位、化学式を表すときに上付き、下付きの文字飾りを使いますが、よく忘れられがちです。上付き、下付きの文字飾りが適切に施されていないと、見た目だけでなく、文章の意味まで変わってくることがあるのでとくに注意が必要です。

(6) 配　置

行内で文字がどのように配置されるか、文書作成ソフトには左揃え、右揃え、センタリング、両端揃え、均等割り付けが用意されています。一般的に文書は両端揃えで書きましょう。左揃えになっていると、各行の終わりが不揃いで見栄えもよくありません。

(7) インデント

文章の開始位置を下げる、または行の終わりの位置を変えて行の幅を狭くするなど、文字の位置を揃える機能をインデントといいます。2.1 節で説明したように、段落の開始行は 1 文字だけ字下げします。

(8) 行　間

文字どおり行の間隔です。通常は 1 行に設定されていますが、広げたり、狭めたりすることが可能です。英文では、ダブルスペース（2 行間隔）でレポートや論文を提出することがあります。

(9) 文字位置

タブキーを押すと、あらかじめ決められた位置までカーソルが移動するので、そこで文字を入力すれば決められた位置に文字が揃います。文書作成ソフトでは、左揃え、中央揃え、右揃え、小数点揃えなど、好きな位置にタブ位置を設定することができます。スペースキーで文字を揃えていると、文章を修正するたびにスペースを入れ直さなければなりませんし、フォントの種類や大きさが変わったとたん揃わなくなる場合があります。複数の行で文字や図の位置を揃えたい場合には、タブキーを使いましょう。

同じように、改ページ機能も上手に使いましょう。次のページの最初から新しい章を始めたい場合に改行キーで調節していると、あとから文章の行数が変わったときにページがずれてしまうことがあります。

POINT 書式が整っていないと読みにくいし、完成度が低く見えてしまう。

書式の統一例

では、ここまでに例示した書式について、実際の文章でその違いを見てみましょう。

> 我が国がこれから目指すべき未来の社会のあるべき姿として、Society 5.0 が提唱されている。Society 5.0 とは、狩猟社会（Society 1.0）、農耕社会（Society 2.0）、工業社会（Society 3.0）、情報社会（Society 4.0）に続く、新たな社会を示すものである。具体的には、サイバー空間（仮想空間）とフィジカル空間（現実空間）を高度に融合させたシステムにより、経済発展と社会的課題の解決を両立する、人間中心の社会（Society）を指す。**この社会では、すべての人とモノが IoT でつながり、ビッグデータやそれを解析する人工知能の発展によって、必要な情報が必要なときに得られる。またロボットや自動運転車などの技術発展も期待されている。さらに、再生可能エネルギーに代表されるエネルギーの多様化や地産地消によるエネルギーの安定確保や温室効果ガス排出の削減も目指している。**
>
> この目指すべき社会を実現していく上で、半導体は欠かすことのできないものであり、その果たすべき役割は大きく、求められる性能もますます高いものになっている。半導体技術としてまず思い浮かぶのは、Si 半導体を用いた集積回路やさまざまな電子デバイスをベースとした情報通信技術である。

あえてわかりやすくおおげさに変えてあるところもありますが、書式が統一されていないことがわかるでしょうか？

1段落目と3段落目は明朝フォントですが、2段落目はゴシックフォントです。これは見てすぐにわかりますね。ほかにもたくさんあります。まずフォントサイズですが、2段落目だけほかより少し大きくなっています。行間が3段落目だけ1.15倍の間隔になっています。文字配置も、1段落目は左揃え、2段落目は両端揃え、3段落目は中央揃えです。

学生の皆さんの卒業論文・修士論文を見ていると、このような状態のまま出されてくるものがよくあります。いかにもつぎはぎして作りましたということをアピールしてしまう結果となっています。

以下に書式を統一した修正例を示します。

> 我が国がこれから目指すべき未来の社会のあるべき姿として、Society 5.0が提唱されている。Society 5.0とは、狩猟社会（Society 1.0）、農耕社会（Society 2.0）、工業社会（Society 3.0）、情報社会（Society 4.0）に続く、新たな社会を示すものである。具体的には、サイバー空間（仮想空間）とフィジカル空間（現実空間）を高度に融合させたシステムにより、経済発展と社会的課題の解決を両立する、人間中心の社会（Society）を指す。
>
> この社会では、すべての人とモノがIoTでつながり、ビッグデータやそれを解析する人工知能の発展によって、必要な情報が必要なときに得られる。またロボットや自動運転車などの技術発展も期待されている。さらに、再生可能エネルギーに代表されるエネルギーの多様化や地産地消によるエネルギーの安定確保や温室効果ガス排出の削減も目指している。
>
> この目指すべき社会を実現していく上で、半導体は欠かすことのできないものであり、その果たすべき役割は大きく、求められる性能もますます高いものになっている。半導体技術としてまず思い浮かぶのは、Si半導体を用いた集積回路やさまざまな電子デバイスをベースとした情報通信技術である。

POINT 書式の乱れは画面で見ていても気づきにくいので、印刷して確認しよう。

文字数の調整

レポートを作成する場合や、学会論文の要旨を作成する場合など、日本語で1500字以内とか、英語で100 word以内（単語数が100個以内）とか、文字数・単語数制限が課されることがあります。手書きでの文書作成時には、原稿用紙を利用して書かないかぎり文字数を数えることは大変ですが、デジタルライティングなら文字数カウントも容易です。

たとえばMicrosoft Wordの場合、作成した文章の文字数は左下ステータスバーに表示されています。校閲メニューから文字カウントを選ぶことで、より詳細な情報を知ることもできます。ほかの文書作成ソフトでも、たいてい文字数や単語数は数えてくれます。文字数を数えるウェブページもあります。オンライン上で直接入力する場合は文字数がわからないので、いったん文書作成ソフトで文章を作成し、文字数を調整して完成させたものをウェブ上にコピー&ペーストすれば便利です。

文字数が足りないものを、規定の文字数まで増やすというのは、なかなか難しい作業になります。文字数が多すぎる文章を削っていって、規定内に収めるほうが簡単です。ですから、ある程度多めに文章を作り、それを要約して規定の文字数にしましょう。

ここで、「以内」というのはどこまで許容されるのでしょうか？　300字以内と書かれている場合100字でよいかというと、それでは不十分です。300字以内と規定されているということは、規定した側は300字ぐらいなければ内容を十分に表現できないだろうと考えているのです。指定文字数の9割は書くようにしましょう。

文字数ではなく書くための欄が指定されている場合も、その欄をすべて埋めるぐらいの文章を書きましょう。その欄の大きさを決めた側（つまりあなたの文章の読者）は、その欄が埋まるぐらいの文章が必要だと考えているのです。少なくともその欄にそれ以上の行が入力できないぐらいの文章は書いてください。気をつけなければならないのは、表計算ソフトで書類ができていて、そこに入力欄が設定されている場合です。画面ではきれいに入力されているように見えても、印刷すると文字や文章の一部が消えていることがあります。必ず印刷して確認しましょう。

POINT 文字数を数えるような単純作業は、コンピュータに任せる。

検索と置換

デジタル文書で便利なことの一つに、検索や置換ができることが挙げられます。ある言葉がどこに使われているか、文書作成ソフトやPDFファイル閲覧ソフトの検索機能を使えば、瞬時にわかります。印刷物だと、目次や索引にない言葉は、自分の目で探すしかありません。それがデジタル化されていれば、数百ページある文書でも調べるのは簡単です。会議の議事録などを一つのファイルにまとめておけば、ある事柄がいつ決まったのかをすぐに検索することができて便利です。

また、ある言葉を別の言葉に言い換えたいときや、表記を統一したいときには、置換機能が便利です。「全て」と書いた文字を「すべて」に置き換えるとか、句読点を「、。」から「，．」に置き換えるとか、文書作成ソフトには置換機能が備わっています。

ただし、文書が文字情報ではなく画像として保存されていると、検索や置換をすることができません。紙の文書をスキャンしてPDFファイルを作った場合には、文字も画像として保存されます。文字情報も記憶させたい場合には、文字認識ソフトを使って画像から文字を読みとらせる必要がありますが、精度は完璧ではありません。違う文字として認識されることもあり、その場合は文字検索に失敗します。

POINT 検索と置換をうまく使って用語を統一。

校正作業

デジタルライティングの魅力の一つは、豊富な文章校正支援／校閲機能があることです。たいていの文書作成ソフトには「スペルチェックと文章校正」機能があり、英単語のスペルミスや日本語の入力ミスを瞬時に指摘してくれます。英単語のスペルがあっているかどうか、自信がないときにいちいち辞書を引っ張り出してきて確認しながら書いていては作業効率も落ちます。日本語については、単純な入力ミスだけでなく、オプションを選ぶことで日本語表現の不適切な使い方などについても指摘されます。普段、SNSなどでくだけた文章表現に慣れてしまっている人も多いと思いますが、コンピュータが修正候補を教えてくれます。ただ、オプションを適切に選ばないと、チェックがうるさすぎることもあります。また、結果が必ずしも正しいとはかぎらないので、修正提案を受け入れるかどうかは、自分で判断しなければなりません。しかし、単純な入力ミスや自分の思い違いを指摘してくれることも多いので、ぜひ利用しましょう。

文書内で同じ言葉の揺らぎ（たとえば、コンピュータとコンピューターが混ざって使われている、など）も指摘してくれます。手書きで文章を作成したときには、このようなちょっとした違いにはなかなか気づくことができません。デジタルライティングならではの利点です。

また、校閲機能は添削にもよく利用されます。論文を何人かで一緒に執筆するときや、指導教員に文章をチェックしてもらうときに、文書作成ソフトの校閲機能を使うと便利です。変更履歴が残る方法で修正してもらうと、どこをどう直されたのかがわかります。文章を直接修正せずに、コメントを入れることもできます。

コンピュータによる校正が終わったら、今度は人間による校正を行います。すでに何度も述べたように、ぜひ印刷して確認することを勧めます。画面で見ているだけでは気づかなかった間違いでも、紙に書かれたものを読んでいると気づきやすくなります。紙の資料をなくしてペーパーレス社会にしようといわれていますが、なくさなければならないのは配布するための印刷物です。人に配布する段階では電子ファイルでよくても、その前段階における校正では、ぜひ印刷してチェックしましょう。

POINT コンピュータによる校正のあと、印刷物を目で見てチェック。

3.7 表計算ソフトを使った文書作成

表計算ソフトは高度な計算が可能で、数値シミュレーションのツールとしてなくてはならないソフトウェアです。その計算結果などを保存したファイルは、電子文書として人と情報共有するのにも便利です。さらに工学系の分野では、普通の文書作成にも表計算ソフトがよく利用されます。大学卒業後は、表計算ソフトを使って文書や資料を作成する機会が多くなります。今のうちから使い方をマスターしておくとよいでしょう。

表計算ソフトを使った文書の長所と短所

これまでの章や節では、おもに文書作成ソフトで文書を作成し、図表を挿入してレポートを完成させるためのポイントを説明してきました。ここでは、表計算ソフトを使った文書作成について説明します。表計算ソフトと聞くと、データがたくさん載っていて、四則演算を行い、そのデータを用いて図や表を作成する便利なソフトウェアをイメージするかもしれません。しかし、そういった使い道だけではなく、数値や計算した情報を組み込んだ文書を表計算ソフトで作成することが可能です。

表計算ソフトで作った文書には、いくつか長所があります。まず、計算結果だけでなく、その過程で用いた数値や数式も文書内に収めることができます。文書作成ソフトでは、すべてのデータを記載するとページ数も多くなり、見栄えがよくないこともあります。それに対して表計算ソフトは、データ数が多くても計算式を残すことができるので、計算過程を第三者が確認可能で、なおかつきれいな文書を作ることができます。また、数値が変わった場合の修正も簡単で、すぐに文書全体で再計算してくれます。そのため企業では、報告書や設計計算書の作成に表計算ソフトがよく用いられています。

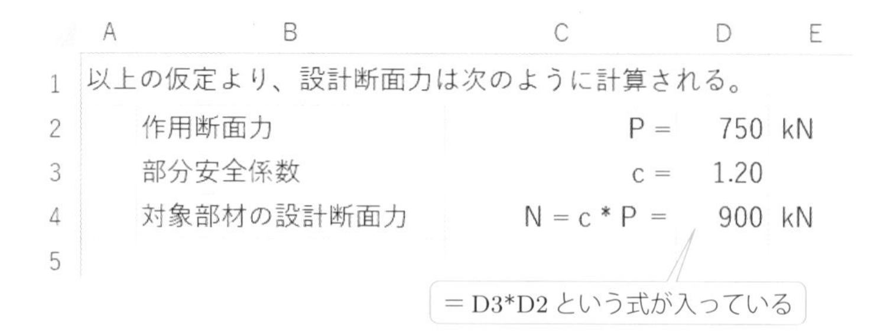

一方で、表計算ソフト利用時の注意点も以下のようにあります。

・セルの幅が狭いと数字が ### になる。
・セルの高さが適切でないと文字や数字が隠れる。
・印刷結果と画面表示が必ずしも対応しない（印刷プレビューを確認すること）。
・文書作成ソフトのように文字数が簡単にカウントされない（文字数をカウントしたい場合は、関数を使用するか、文字だけをコピーして、文書作成ソフトでカウントする必要がある）。

したがって、単に表形式の文書が作りたいためだけに表計算ソフトを使うべきではありません。計算機能を利用したいなどの積極的な理由がある場合のみ使いましょう。

表計算ソフトを使った文書作成で大事なことは、列や行に見出しを付けることです。たとえば、A 列と B 列にデータがあり、C 列に新しく自分で A 列と B 列の合計値を算出する際には、C 列に「合計」などの見出しを付ける必要があります。作業をしているときは、自分が何をしているのか把握していますが、翌日ファイルを開いたら、自分が何の計算をしたのか忘れてしまっていることもあります。また、それぞれの行や列に入っている数字の内容が一目でわからないデータをほかの人に渡すと、自分がした作業内容が正確に相手に伝わりません。

POINT 表計算ソフトの長所と短所を理解したうえで、文書作成に利用しよう。

どちらがわかりやすい？

	A	B	C	D
1	台風21号による近畿地方の人的被害			
2	府県	重傷	軽傷	
3	滋賀県	8	55	63
4	京都府	3	57	60
5	大阪府	7	478	485
6	兵庫県	6	53	59
7	奈良県	2	7	9
8	和歌山県	5	26	31

	A	B	C	D
1	台風21号による近畿地方の人的被害			
2	府県	重傷（人）	軽傷（人）	合計（人）
3	滋賀県	8	55	63
4	京都府	3	57	60
5	大阪府	7	478	485
6	兵庫県	6	53	59
7	奈良県	2	7	9
8	和歌山県	5	26	31

【添削後】各項目に単位を表記し、計算で求めた合計の列に「合計（人）」と明記しました。

ワークシートを活用する・使い分ける

表計算ソフトで表示される画面は、ワークシートとよばれています。そして、一つのファイルの中には、複数のワークシートを収めることができます。画面の下に表示されるタブからワークシートの名前を表示・変更したり、ワークシートの順番を入れ替えたりすることもできます。ワークシートを活用すれば、文書作成ソフトと同じように、表計算ソフトでも一般的なレポートを作成することが可能です。むしろ、計算した式や計算過程を重要視する場合は、文書作成ソフトよりも表計算ソフトで作った文書を提出することが有効です。また、印刷範囲を指定すると、文書作成ソフトと同様に、必要な部分だけを印刷することもできます。

では、次のようなレポートを表計算ソフトで作ってみましょう。

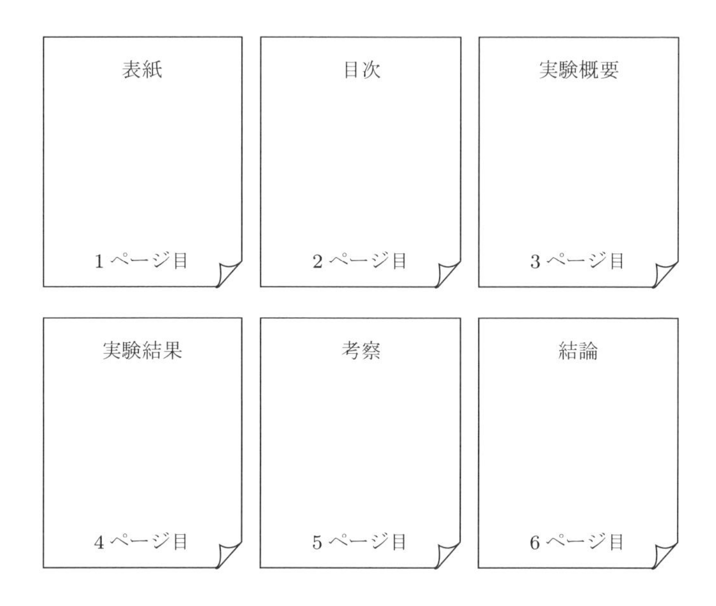

表計算ソフトで作成したレポートの構成：ワークシートを6枚使用します。項目ごとにワークシートを分けて作成します。ワークシートの名前はデフォルトで「Sheet1」「Sheet2」になっていますが、「表紙」「目次」など章の名前に変更しましょう。それぞれのワークシートに、章ごとの内容を記述していきます。次ページの図のように、表示メニューで目盛線のチェックを消すと、表計算ソフト特有の枠線が消えて、印刷して提出する文書に適した形式になります。

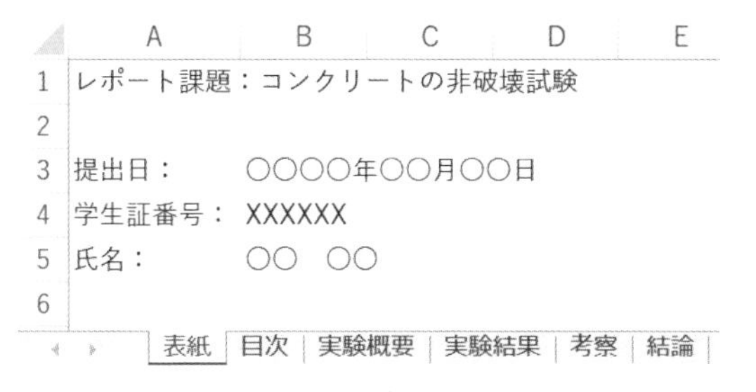

	A	B	C	D	E
1	レポート課題：コンクリートの非破壊試験				
2					
3	提出日：	○○○○年○○月○○日			
4	学生証番号：	XXXXXX			
5	氏名：	○○　○○			
6					

表紙 | 目次 | 実験概要 | 実験結果 | 考察 | 結論

「実験結果」ワークシートの例：伝播速度 (m/s) の箇所は、計算式を入力して結果を出します。たとえばD6のセルに、「= C6/B6」という計算式を入力しておけば、B6セルに実験で得られた伝播時間を記入するだけで、伝播速度が自動的に計算されます。

	A	B	C	D
1	実験結果			
2	＊伝播時間 t：その位置で数回測定した最小時間			
3	＊伝播速度 Vc：$Vc = L / t$			
4				
5	計測場所番号	伝播時間 t（s）	距離 L（m）	伝播速度 Vc（m/s）
6	1	○○	0.2	=C6/B6
7	2	○○	0.3	△△
8	3	○○	0.2	△△
9	4	○○	0.1	△△
10	5	○○	0.3	△△
11	6	○○	0.2	△△
12				

表紙 | 目次 | 実験概要 | 実験結果 | 考察 | 結論

これらは一例ですが、さまざまな機能を駆使して、よりよい資料を作成するように心がけましょう。求められている内容と照らし合わせて、文書作成ソフトや表計算ソフトを使い分けましょう。

POINT 計算過程を示す文書には表計算ソフトが便利。

COLUMN

誤変換に気をつけよう

デジタルライティングによる文書作成は大変便利ですが、思わぬ落とし穴があります。ひらがなから漢字に変換するときの「誤変換」です。一昔前は日本語入力システムの変換精度が低かったために、とんでもない内容に変換されてしまうことがよくありました。今では、長い漢字仮名交じり文であっても文節の区切りが正しく判定され、ほとんど間違いなく変換されますね。さらに変換時に利用される辞書が話し言葉や専門用語、流行語に即座に対応したり、ユーザーが変換・確定した結果を記憶して変換精度を上げる学習機能が備わったりと至れり尽くせりです。それでも工学系の専門用語には多くの同音異義語があり、誤って変換されるケースがよくあります。いくつか例を挙げてみましょう。

- 漁師コンピュータの敗戦問題　→　量子コンピュータの配線問題
- 自信による自己の確立　→　地震による事故の確率
- 決勝中の血管の違法性　→　結晶中の欠陥の異方性

これらの誤変換は言葉単独では間違っていないので、文書作成ソフトの校正支援機能でも指摘してくれないのがやっかいなところです。こうした誤変換に気づけるようになるためにも、時間に余裕をもって文書を作成しましょう。

3 演習問題

1. 次のことをよく表現できるグラフは何でしょう？
  (1) 実験で得られた事象が継続する時間の分布を表示したい。
  (2) 観測された音に含まれる波の周波数と振幅との関係を表示したい。
  (3) ある物体に含まれる20種類の物質の割合を表示したい。
  (4) 自然災害による死者数の経年変化を表示したい。

2. 次のグラフの問題点を挙げてみましょう。

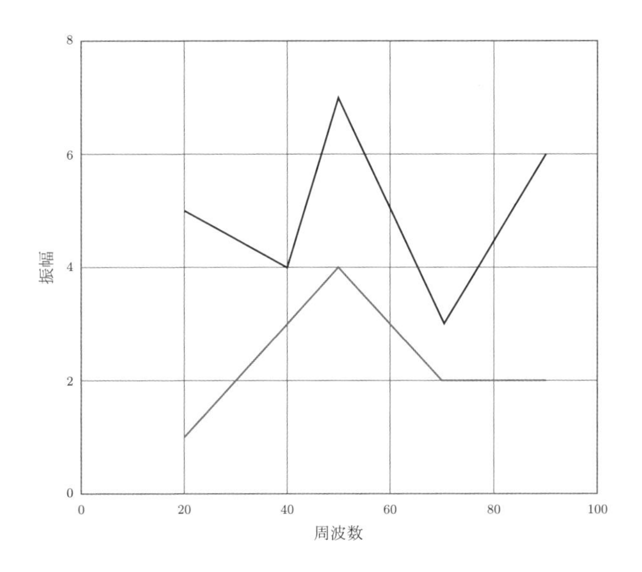

3. ウェブページを参考文献にすることの問題点を挙げてみましょう。

4. あなたのデジタル文書が、いろいろなコンピュータで読まれることを想定した場合、気をつけるべきことを挙げてみましょう。

5. クラウドストレージに文書を保管する際の注意点を挙げてみましょう。

実践講座：文章作成

いよいよ実際に文書を作っていきましょう。この章では、レポート、卒業論文、日本語の学術論文、英語の学術論文を例として紹介しています。あくまで例ですから、それぞれの機関で決められている執筆要項に従ってアレンジしてください。

文章がうまくなるには、実践するしかありません。作文が苦手だった人でも大丈夫です。工学系の文書は文章技巧に凝る必要がありませんから、書けば書くほど必ず上手になっていきます。自信をもって頑張りましょう。

4.1 授業で提出するレポートを書こう

実験や調査のレポートを書くことになったとします。締め切りは1週間後です。

Step 1 書く材料を揃える

まず、書く材料を揃えます。実験や調査の結果、それらを元にした図表など、文章以外は先に用意しておくと便利です。何事も、準備が一番重要なのです。

Step 2 構成を決める

どんなレポートも、それほど変わった構成を考える必要はありません。

(1) 表　紙
(2) 目　的
(3) 方　法
(4) 結果と考察
(5) まとめ

が基本となります。「目的」とか「方法」とか、名前はこのとおりでなくてかまいません。

Step 3 各章で書く内容を決める

(1) 表　紙

タイトル（レポートの課題名）と、学生証番号や氏名など、本人を確認できる情報を記載します。

(2) 目　的

何のために実験や解析や調査などを行ったのか、数行でまとめます。目的のないレポートはないはずです。目的を再確認することで、レポートに書くべき内容も明確になります。

(3) 方　法

実験であれば、どのような機器を使ってどのような実験を行ったのか、どのような項目をどのように計測したのかなどを書きます。調査であれば調査対象や調査項目や調査手法など、それぞれのレポートに適した内容を書きます。

その際、教科書を丸写しするのは無意味です。レポートを読む教員は、内容をよく理解しています。写経ではないのですから、教科書を丸写しせず、要点だけを書くようにしましょう。実は要点だけを書くほうが難しいのです。何が要点なのかを考えなければならず、そのためには教科書の内容をしっかり理解しておく必要があります。そして、内容を要約する力が求められます。レポートで「方法」という項目を書く必要があるのは、その理解度や能力を教員が評価するためでもあります。そのことをよく考えて、しっかりした要約を書きましょう。

(4) 結果と考察

ここには、得られた結果と、そこからわかることを考察として書きます。実施した内容の項目数が少なければ、結果を全部述べてから考察に移ってもよいので、4. 結果、5. 考察、と分けてもかまいません。結果の項目数が多い場合には、結果を一つ示すごとに考察を記述したほうがわかりやすくなります。

結果は客観的なデータですから、実験や調査を複数の人で一緒に取り組んだらみんな同じ結果になります。数字の場合は有効数字に気をつけ、図表を使ってわかりやすく書きましょう。もちろん、データの捏造や改竄など、不正行為をしてはいけません。

考察は、レポートの中で一番重要な箇所になります。複数人で取り組んでも、考察は一人一人違ってくるはずです。研究論文では結果が一番重要だといえますが、授業で出すレポートでは、最終的な結論がある程度わかっていることがほとんどです。得られた結果から何がわかったのか、自分なりの考察がとても重要です。

提出された実験レポートを採点していると、「A という結果が得られたので実験は成功だった」と書かれていることがあります。これは、考察として不適切です。書いた人は、教科書どおりの結果だったので実験が成功したと思ったのでしょうが、成功か失敗かは考察ではなく感想です。しかも、教科書に書いてあるとおりの結果が正しいとはかぎりません。これまで正しいと考えられていたことが、まったく違っていたということは、科学の世界ではよくあることです。実験を失敗したと思っていたら、それが大発見につながった、とノーベル賞の受賞者が話しているのを聞いたことがあるのではないでしょうか。成功か失敗かではなく、得られた結果が何を意味しているのか、教科書と違う結果が得られたらその原因は何なのか、しっかりと考察をして記述しましょう。レポートの点数がよいか悪いか、ほとんどは考察の出来不出来にかかっています。

なお、「考えたけれど、わからなかった」というのは考察ではありません。いろいろ調べたけどわからなかったということもあるでしょう。でも、それを「わからなかった」で済ませてしまってはいけません。調べてもわからないことは、自分なりに考えましょう。レポートで重要なのは、正しいとされている通説を書くことではありません。あなたがどう考えたのか、それがもっとも重要なのです。

(5) まとめ

最後にレポート全体を簡潔にまとめます。ここであらたな考察をしてはいけません。これまでに記述した内容をもう一度、数行で記述しましょう。この「まとめ」の部分だけを読めば、どんなことをして、どんなことが得られたのかがわかるような文章が理想的です。

感想を書くよう指示されていたら、まとめのあとに書きます。

Step 4 見直す

遅くとも締め切りの前日には書き上げて、提出までに少なくとも一度は見直しましょう。思いもよらないような間違ったことを書いている場合があります。印刷したものを読めば、明らかに間違えている箇所はわかるものです。

Step 5 提出

締め切りまで余裕をもって提出しましょう。とくにオンラインでレポートを提出する場合には、締め切り直前にアクセスが集中し、通信回線の状態が悪くなって送信できないことがあるので要注意です。どんな事情があっても、締め切りに遅れたらレポートを受け取ってもらえないことが普通ですし、運よく受け取ってもらえても点数は悪くなります。オンラインのレポート受付システムは、締め切りとして設定された日時を１秒でも過ぎたら、提出できないようになっています。締め切りがいつかは何日も前からわかっているのですから、締め切りから逆算して作業工程を考えましょう。

POINT レポートで重要なのは、あなたの考察。

4.2 日本語で研究論文を書こう

研究成果を学会の論文集に投稿する日本語の研究論文をまとめましょう。

Step 1 書く材料を揃える

これはレポートも論文も同じです。まずはしっかりとした研究をして、よい成果を得ましょう。

Step 2 構成を決める

2.3 節の構成例を思い出してください。そこで説明した IMRAD 型で書くことにします。論文本体は、次の四つの部分で考えて行きましょう。

(1) はじめに

(2) 方　法

(3) 結果と考察

(4) 結　論

そのほか、概要や参考文献など、それぞれの論文投稿規定に定められた必要項目を考えて行きます。

Step 3 各章で書く内容を決める

(1) はじめに

研究背景、従来の研究とその課題、この論文の目的と構成などを書きます。まず、なぜこの研究が必要なのか、研究の背景となる事柄を述べます。そして、その主題に関して従来はどのような研究が実施されてきたのか、国内外の状況を概観します。そのうえで、それら従来の研究では何が解決されていないのか、何があらたな課題として挙げられるのかについて説明します。そして、この論文の目的を述べるという流れになります。

従来の研究に関して、自分たちのグループの研究成果だけを並べるのは適切ではありません。ほかの人たちの研究成果を公平に検討したうえで自分たちの研究を構成しなければ、よい研究とはいえないのです。グローバル化した社会にあって、工学系の研究者が井の中の蛙であってはなりません。

なお、この章は結論まで先に書いてから執筆することを勧めます。方法、結果、考察、結論と書き終わってから、あらためてこの研究全体を振り返って執筆すると書きやすくなります。また、結論はこの章に書く目的と対応していなければなりませんから、結論まで書いてから目的を書くことで、論文全体の整合性がとりやすいのです。あとから最初の章を書いて簡単に挿入できるのも、デジタルライティングの利点です。

(2) 方　法

この部分は前節のレポートと同じです。実験であれば、どのような機器を使ってどのような実験を行ったのか、どのような項目をどのように計測したのか、などを書きます。解析であればどのような手法でどのような解析を行ったのか、調査であれば調査対象や調査項目や調査手法など、それぞれの研究に適した内容を書きます。

研究の方法に新規性がある場合は、とくにこの部分を詳しく書く必要があります。また、あとでほかの研究者が同じ方法で同じ結果を再現できるかどうかに気をつけ、必要な情報は漏れなく記述します。

(3) 結果と考察

この部分も、書く内容はレポートと同様です。得られた結果と、そこからわかることを考察として書きます。研究論文では、この結果と考察がもっとも重要になります。これまでの章で学んだ技術を総動員して、論理的で明快な文章にしましょう。また、どんなに文章がすばらしくても、結果や考察が不十分だと論文が採択されません。まずはよい結果を出して、しっかりとていねいな考察を行うことが必要です。

レポートでも同じですが、結果と考察の部分はいくつかの章に分けてもかまいませんし、いくつかの節を設けて書いてもかまいません。一つの章が長すぎると、何が書いてあるのかわかりにくくなりますから、内容のまとまりに応じて、適切な章や節に分けましょう。

(4) 結　論

最初の章で述べた研究目的に対する答えを示す必要があります。ときどき、今後の課題が長々と述べられている論文を見ることがありますが、今後の課題というのは、自分ができなかったこと、あるいはやらなかったことにすぎません。自分ができなかったことを得意げに書いても、読者には何の役にも立ちません。自分が解明したこと、やり遂げたことをしっかりと書き、論文全体を簡潔にまとめましょう。

また、おもな結論は箇条書きで示すと、読者にとってわかりやすくなります。この論文で重要な結果はこれとこれです、としっかりと主張しましょう。

(5) 謝　辞

研究を実施するうえでお世話になった人、研究資金の援助を受けた団体など、謝意を表する必要がある場合には、謝辞という項目を入れます。

【例】本研究で実施した調査にあたっては、○○の援助を受けた。記して謝意を表する。

(6) 参考文献

最後に参考文献リストを並べます。本文で参照したすべての文献は、読者がその文献を確認できるように情報を提示します。逆に、本文で参照していない文献を掲載してはなりません。アルファベット順にするのか、本文で参照された順にするのか、投稿する論文集の規定に従います。

(7) 概　要

論文に掲載される順番としては、これが最初（タイトルや著者情報の次）に来ます。論文全体を、投稿規定に従って数百文字でまとめます。日本語の論文でも、概要は英語でと規定されている場合もあります。研究の目的、方法、おもな結果、結論を簡潔にまとめる必要があります。論文全体のまとめになりますから、執筆順序としては最後にします。

論文集の読者はまずタイトルと概要だけを読んで、本文まで読むかどうかを決めます。したがって、概要の位置づけは非常に重要です。読者が興味をもって本文を読んでくれるよう、明快な文章にしましょう。

Step 4 見直す

論文がひととおり完成したら、十分に時間をかけて見直しましょう。間違った内容で提出してしまうと、取り返しのつかないことになります。複数の人がかかわる共著論文の場合は、共著者全員でチェックします。コンピュータを使った校正も必須です。提出期限が決まっている場合には、十分な時間の余裕をもって、Step 3までを終えておかないといけません。

Step 5 提出後の対応

査読のある論文集の場合、採択の可能性があれば査読者の修正意見が付いて修正依頼が来ます。査読結果が思わしくなければ、掲載できませんといわれ論文が返却されてきます。修正意見がまったくなくてそのまま掲載されるというのは、普通の論文集ではまず考えられません。

修正意見が送られてきたら、ざっと読んで、2～3日は作業をせずに放置しておくのがコツです。なぜなら、修正意見というのは結構辛辣で、執筆者の平常心を失わせるようなことが書いてあることが多いからです。頭に血が上った状態で修正意見に対してすぐに対応しようとすると、ろくなことになりません。

2～3日たって落ち着いてから、一つ一つ修正意見に対応していきましょう。落ち着いて読めば、修正意見は有益なものが多いことに気づくと思います。著者の説明が不足していてわかりにくい箇所や、説明があいまいな箇所を指摘してくれていることが多いのです。修正意見に納得できれば、それに対応して論文を修正します。納得できない場合や、査読者の勘違いだと考えられる場合には、その理由を書いて修正しないということもあります。ただ、査読者が勘違いするということは、文章がわかりにくかったということかもしれません。誤解を生じないような文章に修正したほうがよいでしょう。

また、論文集の編集委員をしていると、査読者の指摘に対する追加の考察が編集委員への返答にしっかり書いてあるのに、それが本文に反映されていない論文をときどき見かけます。いくら編集委員に対して意見を述べても、それは論文の読者に伝わりません。査読者の指摘に対して考察を追加したのであれば、それを論文に記載します。さらに、査読意見にどのような対応をしたかという著者回答は、査読者ではなく編集委員が読むことに注意しましょう。多くの場合、著者らの対応は、査読者ではなく編集委員が読んで採択の可否を判断します。対応が微妙だと判断されれば再査読に回されますが、そうでないかぎり査読者には著者らの回答は届きません。著者回答を読むのは誰か、ということを間違えると、採択の可否に響くことも考えられます。本文のどこをどう修正したのかをしっかり書いて、ていねいな対応をすることを心がけましょう。

修正した論文は、もう一度しっかりと全体を読み直します。一部を修正したために、全体としては整合性がとれない文章になってしまう場合もあります。注意深く校正したうえで、再度投稿しましょう。

POINT 執筆は期限に十分余裕をもって。査読意見への対応は平常心で。

4.3 卒業論文を書こう

学部での学びの集大成として、これまでに学んだことを実践していきましょう。修士論文や博士論文も、注意事項はほぼ同じになります。

Step 1 書く材料を揃える

卒業研究に従事し、実験結果、解析結果、調査結果などのデータがそろったとします。前節にも記載があるように、実験であれば、機械や器具の名称、実験概要、実験項目、計測方法を把握しておかなければなりません。解析であれば、解析手法、解析概要、解析内容を、調査であれば、調査対象、調査手法、調査項目を把握する必要があります。

また、卒業研究中には多くの参考文献を読むはずです。参考文献の内容を記載することは、既往の研究と比べて自分の研究の特徴を明確にしますし、研究分野の動向を説明するうえでも重要な役割を果たします。参考文献を読んだ場合には、誰が何を研究して、どのような結論を得て、何が課題として残っているのかなどを、数行にまとめることが重要です。

さらに、何かの資料をそのまま引用したい場合は、引用先と引用内容を明確に示す必要があります。すなわち、自分のアイデアではないということを明記しなければなりません。引用箇所に、鍵括弧「」を用いる場合もあります。まとめ方として、以下のような例が挙げられます。

・○○らの研究[1]では、○○○に着目をし、○○という手法を用い、○○という結果を得た。しかし、○○という問題点は考慮されていない。
・国際連合国際防災戦略（UNISDR）の資料[2]では「○○」と定義している。

Step 2 構成を決める

卒業論文本体は、次の九つの部分で考えて行きましょう。

(1) 表　紙
(2) 要　旨
(3) 目　次
(4) はじめに
(5) 方　法
(6) 結果と考察
(7) 結　論
(8) 参考文献
(9) 謝　辞

Step 3 各章で書く内容を決める

(1) 表　紙

タイトル（卒業論文のテーマに合致するタイトル）と、学生証番号や氏名など、本人を確認できる情報を記載します。

(2) 要旨（または概要）

研究背景、課題、この論文の目的、方法、結果、結論などを簡潔に数百文字（指導教員の指示や規定による）でまとめます。ここでは、論文の概要が把握できる内容にしましょう。

(3) 目　次

卒業論文には、目次を付けます。目次には、論文の章や節のタイトルを書かれている順に並べて、ページ番号とともに記載します。文書作成ソフトによって仕様は異なりますが、Microsoft Word の場合、「参考資料」→「目次」→「手動作成目次（あるいは自動作成の目次）」で作成することができます。

文書には、文章を書いていく領域のまわりに余白があります。余白が狭すぎても広すぎても読みにくくなりますので、20 ～ 30 mm ぐらい空けるようにしましょう。印刷物を綴じて提出するように指定されていれば、綴じる側の余白は十分にとっておく必要があります。上部の余白をヘッダー、下部の余白をフッターといい、ここには章や節のタイトル（これを柱といいます）やページ番号を入れることができます。文書作成ソフトには、ヘッダーやフッターに自動でページ番号を入れる機能がありますから利用しましょう。

(4) はじめに
(5) 方　法
(6) 結果と考察
(7) 結　論

これらに関しては、前節を参照してください。

(8) 参考文献

参考文献リストを記載します。参考文献については 3.4 節でも説明しましたが、ここでは日本語で書く参考文献の記載例を示しておきます。

・**論文の場合**

著者名：論文名，学会誌名，巻号，最初と最後のページ，発行年.

【例】○○，△△：□□に関する研究，○○工学論文集，Vol. xx, pp. yyy-zzz，20XX.

・**本の場合**

著者名：書名，出版社，発行年.

【例】○○：構造力学，森北出版，2009.

・**ウェブページの場合**

ページの作者やページの名前：URL（閲覧年月日）.

【例】○○大学ホームページ：http://www.university.ac.jp/（20XX年4月1日閲覧）.

(9) 謝　辞

これに関しては、前節を参照してください。

Step 4 見直してから提出する

十分に時間をかけて、提出締め切りまでに余裕をもって見直しましょう。紙媒体で提出する場合には、印刷や製本に必要な時間も考えておかねばなりません。オンラインで提出する場合には、レポートの節で説明したように、締め切り間際にはアクセスが集中して提出しにくくなることが予想されます。こう

先輩や指導教員に
チェックしてもらいましょう

いったことも考えて、締め切りから逆算して見直す時間を確保しましょう。

常にコンピュータ上でチェックをしているならば、最後は、印刷をして全体を把握しながら確認するのも有効な手段です。同期や先輩に一度読んでもらうのもよいでしょう。

提出された論文に対しては、公聴会や審査会で修正意見が出されます。それらに対応して修正し、再提出することで卒業論文として認められる場合がほとんどです。あなたの論文は大学図書館で永久保存されますので、しっかりと修正して完成度の高い論文に仕上げましょう。

POINT 内容や書式に関して、指導教員としっかりとコミュニケーションをとる。

4.4 英語で論文を書こう

最後に応用例として、英語の論文について説明します。英語で論文を書くことは、学生時代に行う研究活動において、最高難度のゴールです。ハードルは高いのですが、達成感の大きな仕事です。ぜひチャレンジしてみましょう。ここではとくに、英語が得意ではないと思っている人に向けて詳しく説明します。

Step 1 なぜ英語で論文を書くのか

「英語で論文を書こう」そう簡単にいわれても……と学生の皆さんは思うことでしょう。確かに簡単ではありません。日本語で論文を書くよりも 10 倍ぐらい大変でしょう。

でも、卒業研究や修士課程で行った研究によってよい成果が得られたとき、自分だけで満足するのではなく、多くの人に伝えるべきです。それが世のためになり、あなたは社会に貢献することができます。その手段やレベルはたくさんあります。

まず、指導してもらっている先生とのディスカッションや研究室のゼミでの進捗発表、月例報告などを通じて、研究室内で成果を発表する機会があるでしょう。その中から、これは学会発表できるねとなると、まずは国内で開催される研究会、学会での成果発表を目指します。学会にも小さなグループでの研究会から何千人と集まる大きな学会までいろいろあります。そしてさらに、国際会議でも発表してみようとレベルが上がっていきます。どの国、どの地方で行われる会議であっても、国際会議として開催されれば会議の言語は英語です。国際会議では英語でのプレゼンテーションを経験することでしょう。しかし、国際会議で発表しても、参加する人にはかぎりがあります。そこで、その成果を英語で学術論文誌に発表しようという流れになります。

このように、学生が卒業研究や大学院で経験する研究活動において、英語で学術論文を書くことは最終ゴールの一つです。集大成です。

もちろん、日本語で書かれる学術論文誌も多くあります。しかし当然のことながら、日本語で書かれた論文は日本語がわかる人にしか読まれません。どんなに優れた成果であっても、日本語でしか世の中に公表されていなければ、世界のほとんどの人には伝わりません。繰り返しになりますが、学術分野での世界の共通語は英語です。英語で論文を書くことで、自分の行った研究成果がインターネット上に公開され、世界のどこかで誰かが読んでくれる、その成果を役立ててくれる人が生まれるかもしれないのです。

何ヶ月も苦労して書き上げた論文が無事採択されて論文誌が出版されると、紙媒体で図書館に並んだり、インターネット上に論文が掲載されたりします。その中に自分の論文が載っているのを見つけたときの感動はひとしおです。世界の研究者の誰もが、いつでもどこでもあなたの頑張ってきた研究成果を見ることができるのです。世界の多くの人があなたの論文を読んで、参考にして、研究や仕事に役立ててくれるかもしれません。あなた自身がそうであったように、英語の論文を読んで勉強して、自分の研究に役立てていく。自分の書いた論文が今度はそういう形で世界のどこかの人のためになっているかもしれません。このように、英語で論文を書くことの価値や影響は、研究室のゼミで発表したり、国内の日本語の学会で発表したり、国際会議で発表したりすることよりはるかに大きいのです。

英語で論文を書くことは学生の皆さんにとっては大変なことでしょう。けれどもそれだけの価値がある、達成感が得られることです。強い意志をもって、まずは目標にしてみましょう。

Step 2 英語で論文を書くための日頃からの準備

英語で論文を書く場合も、基本的な流れや論文を構成する内容は日本語で論文を書く場合と同じです。これまでの節に従って、必要なデータの準備や論文の構想を考えましょう。ここでは、これらの準備をもとに、実際に英語で論文を書くためのポイントを示します。

いざ英語で論文を書こうと思っても、まったくのゼロからのスタートではなかなか道のりも長く、ゴールすることが難しくなります。日頃から、自分の研究成果を英語で学術論文にまとめるんだという意識をもち、こつこつと準備を進めておくことで、負担も減り、作業も効率的にできます。

(1) 英語で図表を作ろう

実験・解析・調査などの結果をまとめるときには、さまざまな図表を作ります。これらをはじめから英語で作っておきましょう。グラフであれば、タイトル、横軸と縦軸の文字、凡例など、表であれば各セルの項目など、普段日本語で書いていた説明をはじめから英語で書いておくことで、あとから英語バージョンを作り直す必要もありません。

日本国内の学会・研究会では、英語の図表で発表しても怒られることや恥ずかしい思いをすることはありません。逆に、国際会議での発表を意識して準備

英語論文で世界を舞台に！

をしているんだなと、感心に思われることでしょう。

(2) 英語で研究ノートを書こう

卒業研究や大学院での研究を行っている学生の皆さんは、日々の実験・解析・調査の記録をノートにまとめていると思います。実験・解析・調査の計画やさまざまな条件、結果、それに対する考察など、ちょっとした説明や語句は英語で書いてみましょう。英語と日本語が混ざったような表現でもかまいません。普段から、自分が行っている研究内容の説明を英語で考えてみる習慣をつけておくことは、英語で文章を書くときだけでなく、英語でプレゼンテーションをするときにも役立ちます。

(3) 英語論文をとにかくたくさん読もう

皆さんは小さいころから多くの本を親に読み聞かせてもらったり、小学校では国語の宿題で毎日何十回と音読したり、夏休みには課題図書をたくさん読まされたりしたことでしょう。これらは、絵本や教科書や図書に書かれてある正しい日本語の表現を何度も聞いたり、読んだりして、日本語を体にしみこませるための訓練です。英語論文を書く準備にも、このような訓練が役立ちます。かといって、英語論文を読み聞かせてくれる人はいませんし、英語論文を音読するのも恥ずかしい（本当は音読することで理解も深まる）でしょうから、まずは英語論文を多く読みましょう。そして、そこに使われている英語表現に慣れましょう。自身の研究分野の英語論文を 10 編も読めば、これから英語で書こうとする論文に必要な専門用語や表現はほぼ含まれています。お手本となりそうな表現があったら、チェックしておきましょう。

Step 3 構成・流れを決める

英語論文の構成は、2.2 節で説明した IMRAD 型に従って、

Abstract（概要）
Introduction（はじめに）
Methods（方法）あるいは Experimental（実験方法）

Results and Discussion（結果と考察）
Conclusion（まとめ）
Acknowledgements（謝辞）
References（参考文献）

となります。英語で論文を書く場合も、基本的な流れや論文を構成する内容は、日本語で実験レポートや論文を書く場合と同じです。これまでの節に従って、構成を考えましょう。

最初は日本語でもよいので、各章を大・中・小のレベルに分けて、箇条書きで内容を整理しましょう。内容の詳細まで日本語の文章に仕上げて書く必要はありません。また、日本語ですでに書かれた論文があっても、それを直接英訳しないようにしましょう。日本語と英語は文法的な語順や文章の組み立て方が違うので、一度日本語として完成した文章を英語に訳すのは好ましくありません。学生の皆さんは、日本語の表現を忠実に表そうとするために大変わかりにくい英語に訳すことがよくあります。まずは日本語を忘れて、伝えるべき内容を抽出、整理して、それらを英語で表現するように心がけましょう。

Step 4 英文を書く

Step 3で整理した内容に基づいて、英語の文章を書いていきます。高校までに習ってきた英語力で一から英作文しても、なかなか学術論文として適切な英語にはなりません。受験英語と学術論文の英語は違います。

学術論文で使われる英語には、簡潔で、わかりやすく、しかも正確な表現が求められます。研究成果を伝えるために、理路整然と事実を述べるのです。したがって、英文学や小説に見られるような比喩表現や倒置表現などは必要ありません。一生懸命覚えさせられたような難しい構文も使いません。学術論文に使われる語彙には難しい専門用語が多いのですが、文法表現は大変やさしく、中学レベルの英文法を理解していれば十分です。なぜなら、英語で論文を書くのは、いまやネイティブではない人のほうが多いからです。

では、どうすれば、学術論文にふさわしい英語を書けるでしょうか？　このためには、決まった英語用例を積極的に使うことです。英語論文でよく使われる文章表現、語彙を集めた参考書は数多く出版されています。英語で論文を書くときは、これらの参考書を必ず手元に置いて、自分が表現したい内容にあった用例を探して使いましょう。

また Step 2 で準備した、これまで読んだ論文の中にも、自分の論文に使えそうな表現が多くあるはずです。ほかの人の論文の文章をコピー＆ペーストすることはルール違反ですが、文章表現などを参考にすることは問題ありません。私たち英語を苦手とする人間は、正しく適切に書かれた英語表現にならうほうが、よほど間違いのない英語論文を書くことができます。

このような考え方は、「英借文」といわれています。指導している学生がもってきた英語の論文原稿を読んでいると、途中まですらすらと読めるのに、急におかしな文章が混ざって出てくることがあります。学生に聞くと、そこまではほかの論文から表現を借りて書いたが、この文章だけは自分で英作文しましたと答えるので、どうりでなあと思うことがよくあります。そのたびに、英作文ではなく英借文をしなさいと指導しています。もちろん、英借文しなくてもよいぐらいの英語力をつけてもらうことがベストですが、まずはお手本をまねることから始めましょう。

Step 5 英文を読み直す

英語で書いた論文は、もちろん内容について指導教員や共著者に確認してもらう必要がありますが、まずは英語が正しく書かれていないと、内容を理解してもらうことができません。したがって、細かいミスがあっても内容を理解できる程度の「読める英語」に仕上げる必要があります。自分が読んでもわからないような英語論文を、他人にチェックしてもらうことは失礼です。自分自身で何度も読み直して、伝えたいことが伝わる英語になっているか確認しましょう。英語で論文を書いたことがある先輩や、英語を母国語とする留学生が研究室にいれば、ぜひ読んでもらいましょう。

Step 6 英文校正について

論文の内容や英語についてある程度の確認ができたら、英文校正サービスを利用して、より完成度の高い英語にしましょう。英語を母国語としない私たちにとっては、どんなに英借文を頑張っても、なかなか完璧な英語表現で論文を書くことはできないものです。とくに a や the といった冠詞、単数と複数、現在形、過去形、完了形といった時制については、英語で論文を書くときの最難関です。こうした苦手なところを英語の専門家がチェックしてくれるのが、英文校正サービスです。

英文校正サービスは数多くの業者がありますので、ホームページなどで情報をよく調べて利用しましょう。分量と料金に依存しますが、英文校正には数日から1週間程度時間がかかりますので、論文の投稿締め切りとの関係も注意しておく必要があります。

英文校正サービスの利用でもう一つ注意しておくことは、校正された内容を鵜呑みにしないことです。英文校正を担当したスタッフは英語の専門家であったとしても、研究分野の専門家ではありません。英語の修正によって、皆さんの意図した内容が逆に伝わらない形になってしまうこともあります。修正された英語を採用するかどうかは、第一著者である皆さんの最終判断にかかっているということを忘れないでください。

Step 7 投稿から採択まで

苦労して書き上げて、内容も確認、英文校正サービスを利用して英語も仕上げた状態で、ようやく学術論文誌に投稿できる段階になりました。論文投稿から、レフリー（査読者）による査読を受け、修正を経て採択に至る流れは、4.2節で説明した日本語の論文と同じです。

一つだけ違うのは、エディタ（編集委員）やレフリーとのやりとりを英語で行う必要があるということです。これら、エディタやレフリーとの応対についても英語で正しく伝えられないと、こちらの修正内容が認められず、論文採択に至らないこともあります。

査読結果に対する返答については、内容だけでなく英語表現についても指導教員と相談をし、場合によっては英文校正サービスを再度利用して、論文本文と同様にわかりやすく伝えられるように心がけましょう。論文審査の際に役立つ英語表現の用例集についての参考書もあります。

POINT 難しく考えすぎないで、簡単な文法で。とにかくチャレンジ！

演習問題の解答例や注意点

1 章の演習問題

1. 注意点：わかりやすい用語を使う。辞書に載っていないような単語は使わない（使うのであれば最初に説明する）。とくに、仲間内だけでしか通用しない言葉には注意する。

2. 注意点：必要に応じて図を使う。筆者にとって簡単すぎることでも、読者が当然わかっていると思い込まない。

3. 注意点：数字で表現できる大きさ、重さなどは、個体差も含めて表現する。色や味など、普通定性的に表現される特性も、色を数値化した RGB 値や甘さを数値化した糖度などが利用できる。ただし、個体差が大きいので、値のばらつきについても表現することが望ましい。

4. 薬液 A を 10.5 mL ± 0.4 mL 使用すること。

5. (1) 1.0×10^3　(2) 4.4×10^{-3} もしくは 0.0044　(3) 4.3×10^2

6. (1)と(3)
   (1) わかりにくければ、加筆したことがわかるように線を加筆して説明する。そして、加筆したことを明記する。
   (3) データを含めたグラフを示して、本文で説明する。

7. 信用をなくす。人に迷惑をかける。評価が低くなって自分が損をする。

2 章の演習問題

1. (1) 機械が誤動作する原因を追及した。
   (2) 火災が停電の原因である。
   (3) 実験中の温度上昇が原因だと考えられる。そこで、温度を管理する機器を用いて、定温での実験をおこなった。

(4) アルカリ金属イオンがカルシウムと反応し、物質Aが生成されて膨張した。しかし、対策Bが有効に機能したため、膨張の進展が止まった。

2. (1) 実験材料のAとBを○秒攪拌したところ、液の温度が○度高くなった。次に材料Cを入れたところ、○○が○ g 生成された。

(2) 理論値は2 Vであるが、実験で得られた電圧は2.2 Vとなった。理論値に対する誤差は (2.2 − 2)/2 = 10%である。その原因は、○○によるものだと考えられる。

(3) 本実験の目的は、半導体の高温時における特性を明らかにすることである。

(4) 65才以上の100人を対象として調査を行い、80件の有効回答を得た。

3. (1) 10回が十分な回数なのか不明。ケース3の効果がどの程度高かったのか不明。結果の平均値とばらつきとを考慮していない。最大値で評価するか平均値で評価するかによっても、評価は異なる可能性がある。

(2) 最初の「この図からわかることは」と最後の「評価される」が対応していない。「どちらかといえば」というあいまいな表現が含まれている。この結論が図のどこからわかるのか不明。どのくらい効果的なのか不明。

(3) 明確に言いきらずに「なかったのではないだろうかと思われる」とあいまいないい方をしている。根拠を述べるべき。どんな成分がはたらかなかったのかも書くべき。

4. (1) 供試体Aの強度は○ Paだった。

(2) 供試体Bは1 kNの力で壊れた。

(3) 供試体Cは、1万回の衝撃試験に耐えた。

3章の演習問題

1. (1) ヒストグラム：統計処理でよく使われる。横軸に階級、縦軸に頻度をとる。

(2) 散布図：横軸に周波数、縦軸に振幅をとって表示する。折れ線グラフにすると、横軸の周波数を正しく表現することができない。

(3) 棒グラフ：5種類ぐらいなら円グラフや積み上げ棒グラフも有効だが、20種類もあれば棒グラフにしたほうが見やすくなる。

(4) 折れ線グラフもしくは棒グラフ：値が大きい年と小さい年の差が大きすぎる場合は、折れ線グラフより、軸の途中を省略した棒グラフのほうがよい。

【グラフの例】

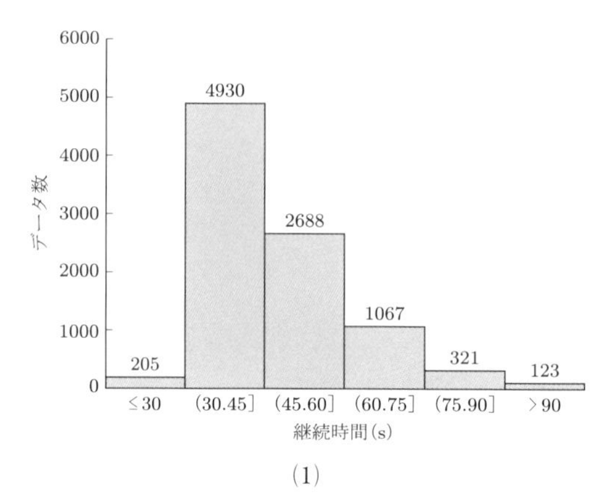

6000
5000
4000
3000
2000
1000
0
データ数
4930
2688
1067
205
321
123
≦30
(30.45]
(45.60]
(60.75]
(75.90]
>90
継続時間(s)

(1)

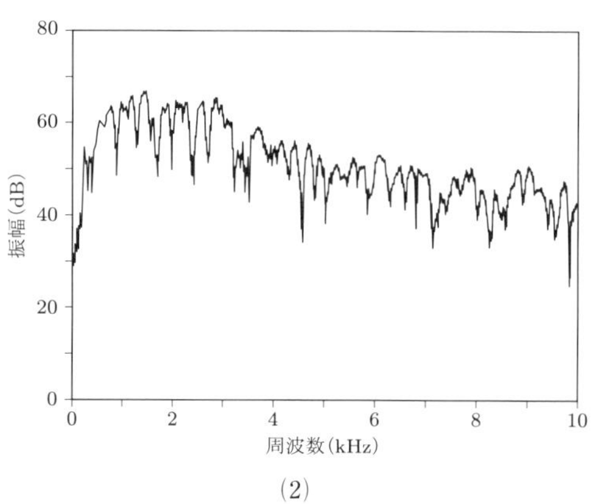

80
60
40
20
0
振幅(dB)
0
2
4
6
8
10
周波数(kHz)

(2)

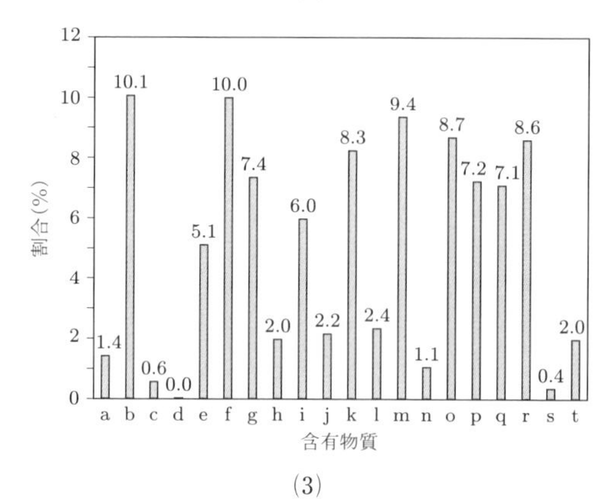

12
10
8
6
4
2
0
割合(%)
1.4
10.1
0.6
0.0
5.1
10.0
7.4
2.0
6.0
2.2
8.3
2.4
9.4
1.1
8.7
7.2
7.1
8.6
0.4
2.0
a b c d e f g h i j k l m n o p q r s t
含有物質

(3)

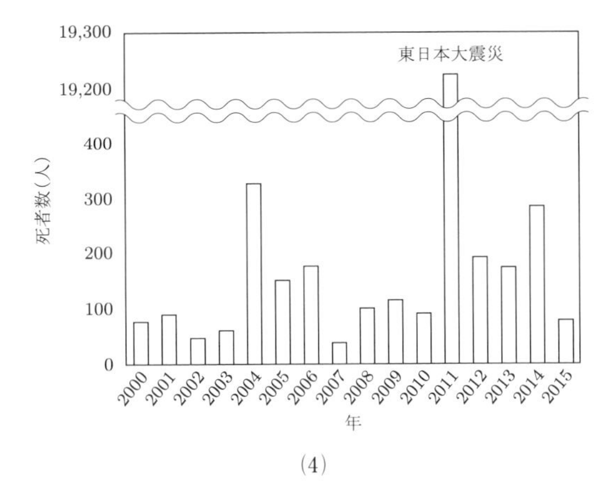

(4)

2. 系列の区別がつきにくい。凡例がない。軸の単位がない。軸の数字が小さい。
【修正例】

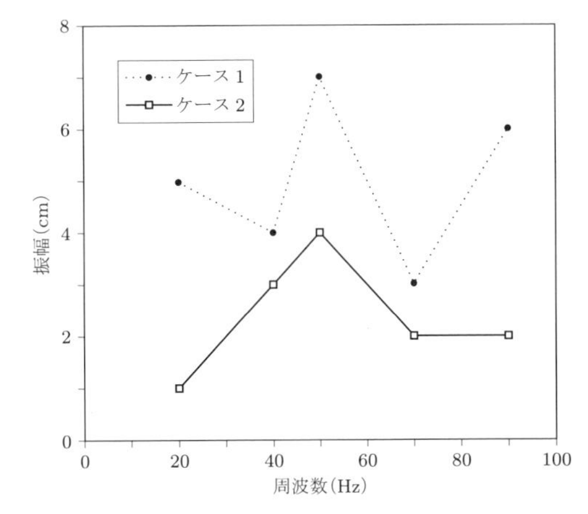

3. 何の審査も受けずに、誰でもウェブページを書けるので内容の信頼性に欠ける。そのページがいつまで存在するか保証がない。いつでも内容が書き換えられる可能性がある。

4. ファイル形式をPDFなど一般的なものにする。文字化けを防ぐために機種依存文字は使わない。読者のコンピュータに入っているフォントが違う可能性があるのでPDFにはフォントを埋め込む。自分の住所や電話番号など個人情報を書かない。コンピュータウイルスのチェックをしておく。

5. 情報漏洩に気をつける必要がある。停電や災害や故障などで通信できない場合は、ファイルにアクセスできなくなる。データ量が多いと、通信状況によっては時間がかかる場合がある。料金が高くなる場合がある。サービスが終了したり、障害が発生したりすると、データを取り出せなくなる可能性がある。

索　引

■ま　行

■や　行

■ら　行

■わ　行

著 者 略 歴

伊津野　和行（いづの・かずゆき）

1984 年　京都大学大学院工学研究科修士課程修了
1984 年　京都大学工学部助手
1993 年　博士（工学）（京都大学）
1993 年　立命館大学理工学部助教授
2001 年　立命館大学理工学部教授
現在に至る

荒木　努（あらき・つとむ）

1997 年　大阪府立大学大学院工学研究科博士課程修了
1997 年　博士（工学）（大阪府立大学）
1997 年　米国アリゾナ州立大学ポストドクトラルフェロー
1997 年　米国パデュー大学ポストドクトラルフェロー
1998 年　立命館大学理工学部助手
2000 年　立命館大学総合理工学研究機構ポストドクトラルフェロー
2002 年　立命館大学理工学部任期制講師
2007 年　立命館大学理工学部准教授
2015 年　立命館大学理工学部教授
現在に至る

四井　早紀（よつい・さき）

2018 年　京都大学大学院地球環境学舎博士課程修了
2018 年　博士（地球環境学）（京都大学）
2018 年　Willis Re Japan, Catastrophe Risk Analyst
2020 年　立命館大学理工学部特任助教
現在に至る

編集担当　佐藤令菜（森北出版）
編集責任　富井　晃（森北出版）
組　　版　双文社印刷
印　　刷　丸井工文社
製　　本　　同

工学系のための 伝わるライティング入門
―実験レポートから英語論文まで―

2021年8月26日　第1版第1刷発行

著　　者　伊津野和行・荒木努・四井早紀
発 行 者　森北博巳
発 行 所　森北出版株式会社
東京都千代田区富士見1-4-11（〒102-0071）
電話03-3265-8341／FAX 03-3264-8709
https://www.morikita.co.jp/
日本書籍出版協会・自然科学書協会　会員
JCOPY <（一社）出版者著作権管理機構 委託出版物>

Printed in Japan／ISBN978-4-627-97531-6